Ulrich Clamor Schmidt-Ploch

Die Lochkamera

Abbildungsoptimierung
Physikalische Hintergründe

SP-Verlag • Freiburg i.Br. • 2001

Dr. Ulrich Clamor Schmidt-Ploch

Die Lochkamera

Abbildungsoptimierung
Physikalische Hintergründe

Erscheinungsjahr 2001

Umschlaggestaltung, Grafiken : U.C. Schmidt-Ploch
Herstellung : Books on Demand GmbH

ISBN 3 - 8311 - 1261 - 4

Vorwort

Immer mehr Fotoliebhaber befassen sich mit der Lochkamerafotografie, vielleicht als Ausgleich zur zusehends dominierenden High-Tech-Digitalfotografie. Kunstkalender mit Lochkamerafotografien und teure Kameras aus Edelhölzern werden inzwischen im Handel angeboten. Wer aber eine Lochkamera selber bauen will, wird unweigerlich mit ihrer Dimensionierung konfrontiert. Der prinzipielle Aufbau ist simpel. Ein lichtdichter Kasten mit einer kleinen Blendenöffnung, damit ist die Kamera im wesentlichen beschrieben. Aus dem Physikunterricht erinnert man sich vielleicht auch an eine Abbildung, die ein kopfstehendes, seitenverkehrtes Bild in einer Lochkamera zeigt und so die Funktionsweise erklären soll. Wie lang aber muß das Kameragehäuse sein? Welchen Durchmesser sollte die Blendenöffnung besitzen und ist die Geometrie der Blendenöffnung von Bedeutung, um ein scharfes Bild zu erzeugen? Wann ist ein Bild scharf? Welche Rolle spielt in diesem Zusammenhang die Leistungsfähigkeit des Auges? Ist die Wahl des Negativformats wichtig? Mit Schulwissen lassen sich diese Fragen nicht mehr beantworten, man muß sich tiefer mit dem Wesen des Abbildungsvorgangs, d.h. mit den Eigenschaften und Gesetzmäßigkeiten des Lichts, befassen. Genau darum geht es in dem vorliegenden Buch, um die Optimierung der Lochkamera vor dem Hintergrund der Physik des Abbildungsvorgangs und dem Auflösungsvermögen des menschlichen Auges.

Besonderer Dank gilt Frau Dr. Petra E. Ploch für das sorgfältige Lesen des Textes und für wertvolle Diskussionsbeiträge.

Freiburg i.Br.
August 2001

U.C. Schmidt-Ploch

Inhalt

1 Einleitung

Die Urform aller heutigen modernen Fotoapparate ist die Lochkamera. Bereits Leonardo da Vinci benutzte um 1500 eine solche Camera obscura als Zeichenkamera, mit deren Hilfe man ein kopfstehendes und seitenverkehrtes Bild abzeichnen konnte. Im Laufe des 16. Jahrhunderts baute man für diese Zwecke die ersten Kameras mit einer abbildenden Linse, die schärfere und aufgrund der größeren Blendenöffnung hellere Bilder zuließen. Die folgenden Entwicklungen der Physik und Chemie führten sowohl zu fast aberrationsfreien Objektiven als auch zu hochauflösenden Filmmaterialien. Das konventionelle Filmmaterial (Silberhalogenid-Emulsion auf Acetylzellulose- oder Polyester-Trägerschicht) wird langsam von Halbleiterelementen, den sogenannten CCDs (Charge-Coupled Devices), abgelöst. In diesem Zusammenhang sei gesagt, daß CCDs in modernen Digitalkameras mit mehreren Millionen Bildpunkten die Bildqualität herkömmlicher Filmmaterialien nicht erreichen.

In der Praxis hat die Lochkamera keine Bedeutung mehr. Lochkameras besitzen aber einen entscheidenden Vorteil gegenüber Linsenkameras, da ihnen aberrationsbehaftete Linsensysteme fehlen. Für die Bildtreue ist ausschließlich das physikalische Phänomen der Lichtbeugung an der Blendenöffnung, das bei Objektiven neben den Linsenfehlern ebenfalls auftritt, verantwortlich. Interessant ist daher die Frage, welche Abbildungsqualität mit Lochkameras bei optimierter Konfiguration, d.h. bei Anpassung der charakteristischen Größe der Blendenöffnung an die Kameralänge vor dem Hintergrund eines definierten Negativformats, zu erreichen ist.

Die Lochkamera stellt lediglich einen lichtdichten Raum mit einer Blendenöffnung auf der einen Seite und dem Filmmaterial auf der gegenüberliegenden Seite dar. Die charakteristische Größe der Öffnung ist klein gegenüber der Kameralänge. Die Kameralänge (Bildweite) gibt den Abstand zwischen der Blende und dem Negativ an. Das Verhältnis von Gegenstandsweite zur Bildweite entspricht dem von Gegenstandsgröße zur Bildgröße (Abb. 1-1).

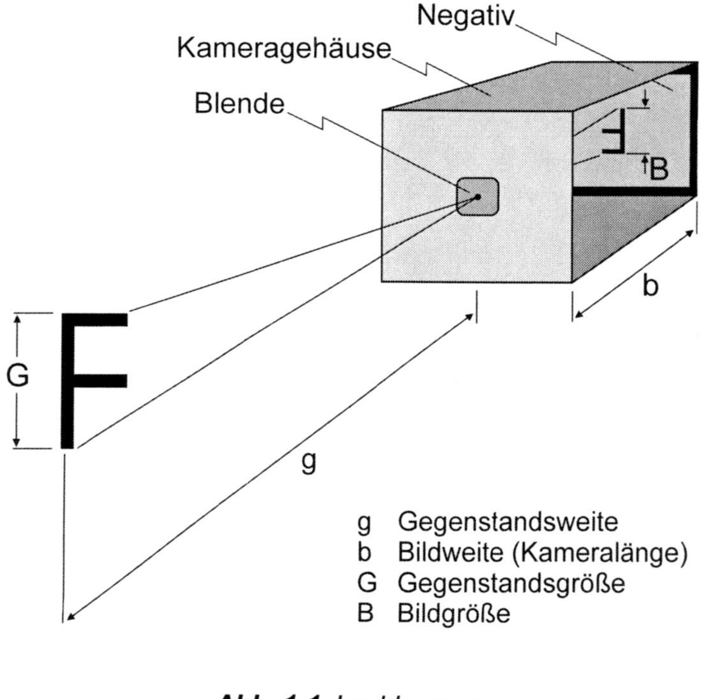

***Abb. 1-1** Lochkamera*

Eine vereinfachte aber anschauliche Erklärung für die Bildentstehung bei der Lochkamera liefert eine Betrachtungsweise aus Sicht der geometrischen Optik. Dieser Teilbereich der Optik ist anwendbar, wenn die Lichtwellenlänge klein im Vergleich zur charakteristischen Größe der Blendenöffnung ist. Vorweg sei gesagt, daß diese Bedingung einen entscheidenden Diskussionspunkt hinsichtlich der Abbildungsoptimierung bei Lochkameras mit typisch kleinen Blendenöffnungen darstellt. In der geometrischen Optik werden dem Licht weder Wellen- noch Teilcheneigenschaften zugewiesen. Es gilt die Prämisse, daß sich Lichtstrahlen in homogenen Medien geradlinig ausbreiten. Der Begriff der Strahlen wiederum stammt aus der Korpuskulartheorie, die den Weg eines Korpuskels durch einen geraden Strahl beschreibt.

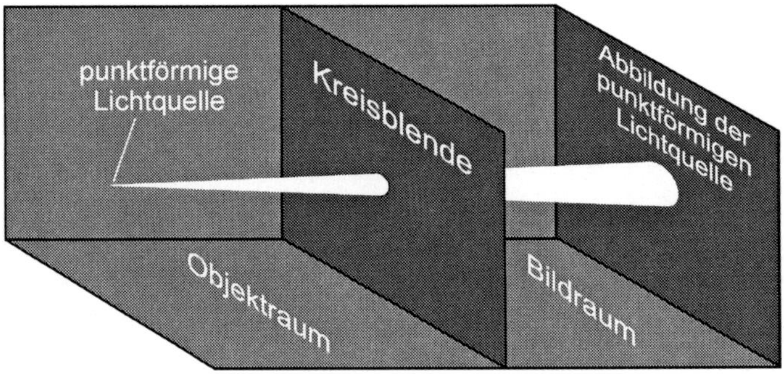

Abb. 1-2 *Abbildung einer punktförmigen Lichtquelle durch eine Blende mit kreisförmiger Öffnung*

Hinsichtlich der Bildentstehung wird eine punktförmige, selbstleuchtende Lichtquelle im Objektraum betrachtet. Mit Objektraum bezeichnet man den Bereich, in dem sich das abzubildende Objekt befindet. Die Punktquelle wird als divergent angenommen, d.h. sie emittiert gleichmäßig in alle Raumrichtungen Lichtstrahlen. Nur ein kleiner Teil der Strahlen gelangt durch die Blendenöffnung und erzeugt einen hellen Fleck auf dem Schirm in Gestalt der Blendenöffnung (Abb. 1-2).

Ist die Öffnung klein, dann ist auch der Lichtfleck klein und kann als Abbildung der punktförmigen Lichtquelle betrachtet werden. Dasselbe Bild entsteht, wenn man statt der selbstleuchtenden Punktquelle einen beleuchteten, weißen Punkt auf schwarzem Grund abbildet. Der weiße Punkt reflektiert das auftreffende Licht divergent und entspricht daher einer selbstleuchtenden, punktförmigen Lichtquelle. Man kann sich nun jeden Gegenstand im Objektraum aus unendlich vielen und unendlich kleinen Punkten, die natürlich nicht weiß sein müssen, zusammmengesetzt denken. Jeder dieser Punkte emittiert divergente Strahlenbündel, von denen jeweiles ein Teil die Blendenöffnung passiert und im Bildraum auf dem Schirm als Punkt abgebildet wird. Die Gesamtheit dieser Bildpunkte stellt ein reelles Bild des Gegenstands dar.

Diese anschauliche Darstellung des Abbildungsvorgangs im Rahmen der geometrischen Optik macht deutlich, worin das entscheidende Problem einer solchen Kamera besteht. Zur Erzeugung eines idealen Bildes, bestehend aus unendlich kleinen Bildpunkten, muß der Durchmesser einer Kreisblende unendlich klein sein. Im mathematischen Sinne ist das Problem der Abbildungsoptimierung der Lochkamera damit gelöst. Praktisch durchfühbar ist diese Problemlösung natürlich nicht, da zum einen eine unendlich kleine Blendenöffnung nicht realisierbar ist und zum anderen eine unendlich lange Belichtungszeit erforderlich wäre, denn die Lichtstärke der Kamera, d.h. das Verhältnis von Blendendurchmesser zur Kameralänge, wird Null.

Eine ideale Abbildung kann man also nur dann erreichen, wenn jeder Objektpunkt P_1 exakt in einen konjugierten

Punkt P_2 überführt wird. Ein optisches System, das dies leistet, nennt man stigmatisch oder punktzentrisch (Abb. 1-3). Bedingt durch Linsenfehler und Beugung gibt es in der Realität keine stigmatischen optischen Systeme. Deshalb sind alle Bilder im physikalischen Sinne unscharf.

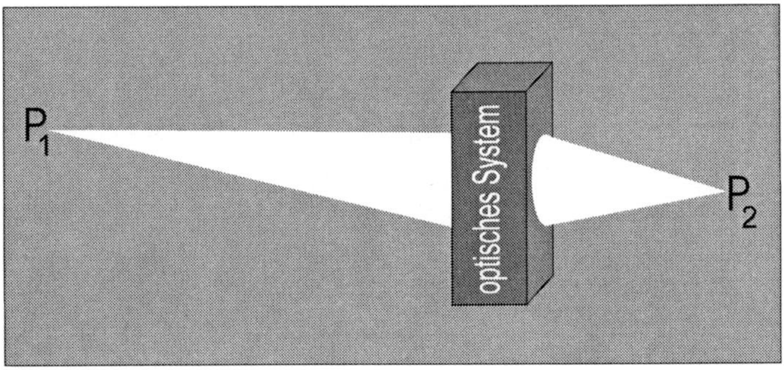

Abb. 1-3 *Stigmatisches System*

Man wird bei einer Lochkamera eine möglichst kleine Blendenöffnung verwenden, um einer idealen Abbildungsqualität so nahe wie möglich zu kommen. Dagegen spricht allerdings das bereits oben erwähnte Phänomen der Lichtbeugung. Licht wird gebeugt, d.h. es ändert seine Ausbreitungsrichtung, wenn es auf ein Hindernis, z.B. den Rand einer Blendenöffnung, trifft. Untersucht man das Bild einer Punktquelle genau, z.B. das eines Fixsterns auf einer Astrofotografie, so erscheint dieses nicht als Punkt oder kleine Fläche, wie es nach den Gesetzen der geometrischen Optik zu erwarten wäre. Tatsächlich beobachtet man ein helles Scheibchen, umgeben von dunklen und hellen Ringen, die nach außen hin immer mehr an Intensität verlieren (Abb. 3-4). In dieser Beugungserscheinung spiegelt sich die Wellennatur des Lichts wieder. Die geometrische

Optik, die lediglich auf dem Reflexions- und dem Brechungsgesetz basiert und die Wellennatur des Lichts nicht berücksichtigt, kann dieses Phänomen nicht erklären. Die Wellenphänomene des Lichts werden mathematisch durch die Wellenoptik, die sich aus der Maxwellschen Theorie ableitet, beschrieben. Die Wellenoptik dient neben der geometrischen Optik ebenfalls zur Behandlung der Lichtausbreitung.

Beugung verschlechtert die Abbildungsqualität. Je größer der Blendenöffnungsdurchmesser relativ zur Lichtwellenlänge ist, desto schwächer ist dieser Effekt ausgeprägt. Hinsichtlich der Lichtbeugung ist es also angebracht, einen möglichst großen Blendendurchmesser zu verwenden. Dies steht im Widerspruch zu den Überlegungen der geometrischen Optik.

Nach diesen Feststellungen erscheint es unmöglich, eine geeignete Blendenöffnung zu finden. Es gibt jedoch Lochkameras, mit denen Fotografien hergestellt werden können, die neben einer ungeheuren Tiefenschärfe eine nur leichte Unschärfe aufweisen. Einige Fotografien des im 19. Jahrhundert lebenden Landschaftsfotografen George Davison wurden vielfach ausgezeichnet. Er benutzte eine Lochkamera, die nach der empirisch gewonnenen Zahlenwertgleichung

$$\text{Öffnungsdurchmesser [mm]} = \frac{\sqrt{\text{Kameralänge [mm]}}}{25}$$

konstruiert wurde. Diese Gleichung wird der Gesamtproblematik nicht gerecht, da sie speziell auf das damals übliche Format beschichteter Platten abgestimmt ist und beliebig andere Negativformate nicht berücksichtigt.

Ansatzpunkt für die Bestimmung geeigneter Kameraparameter ist das Auflösungsvermögen des Auges, d.h. dessen Fähigkeit, feine Details zu erkennen. Das menschliche Auge könnte ein ideales Bild, falls ein solches existieren würde, von einem dem Idealbild nur wenig abweichenden nicht unterscheiden. Es stellt sich daher die Frage, wie unscharf ein Bild sein darf, damit es das Auge noch als scharf erkennt.

Das Ziel dieser Arbeit ist es daher, eine Lochkamera für ein definiertes Negativformat zu berechnen, bei der die Kameralänge und die charakteristische Größe der Blendenöffnung vor dem Hintergrund der Abbildungsleistung des Auges so aufeinander abgestimmt sind, daß eine scharfe Vergrößerung möglich wird. Um dieses Ziel zu erreichen, werden die Gesetze der geometrischen Optik und der Wellenoptik berücksichtigt.

2 Auflösungsvermögen

Bei den anstehenden Überlegungen steht die Frage im Vordergrund, welches Auflösungsvermögen von einer Lochkamera gefordert werden muß, damit die Vergrößerung eines Negativs bei Betrachtung in einem typischen Abstand als scharf empfunden wird. Das Auflösungsvermögen des Auges spielt dabei eine entscheidende Rolle. Der typische Abstand, den man automatisch bei der Betrachtung einer Vergrößerung einnimmt, wird von der Länge der Vergrößerungsdiagonalen und dem Raumwinkel des Scharfen Sehens bestimmt. Neben einem physikalischen wird also auch ein physiologischer Aspekt bei den folgenden Überlegungen eine Rolle spielen.

2.1 Physiologischer Grenzwinkel

Das Auflösungsvermögen des Auges ist eine Eigenschaft, die sich durch einen einfachen Versuch demonstrieren läßt. Man betrachte eine Vorlage, auf der sich abwechselnd schwarze und weiße Linien gleicher Breite befinden (Abb. 2-1). Derartige Linienraster, die üblicherweise durch die Anzahl der Linienpaare pro Millimeter (lp/mm) gekennzeichnet werden, dienen z.B. zur Beurteilung der Abbildungsleistung von Objektiven. Entfernt man sich von dieser Vorlage, so wird man anfangs die Linien voneinander getrennt erkennen können, d.h. sie werden aufgelöst. Ab einer gewissen Distanz aber verschwimmen die Linien, d.h. sie können nicht mehr aufgelöst werden.

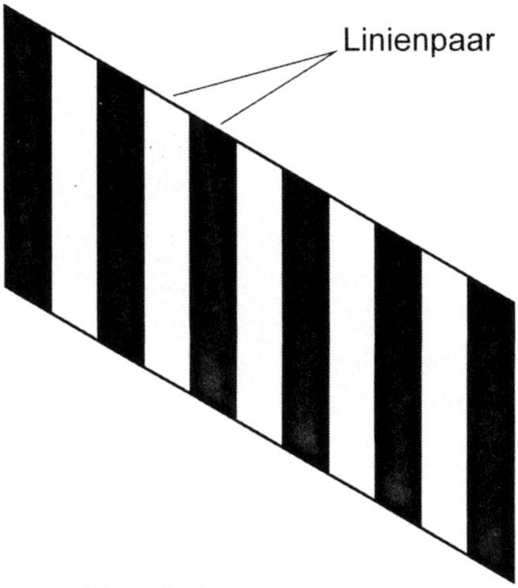

Abb. 2-1 *Linienraster*

Der ebene Winkel, unter dem eine Linie dann erscheint, hat den sogenannten **physiologischen Grenzwinkel** unterschritten. Der Sternenhimmel liefert natürliche Testobjekte für das Augenauflösungsvermögen. Dazu betrachtet man z.B. die Sterne des Großen Wagens im Sternbild des Grossen Bären (Ursa maior, UMa). Neben dem Stern Mizar steht der deutlich lichtschwächere Alkor oder das "Reiterlein" (Abb. 2-2).

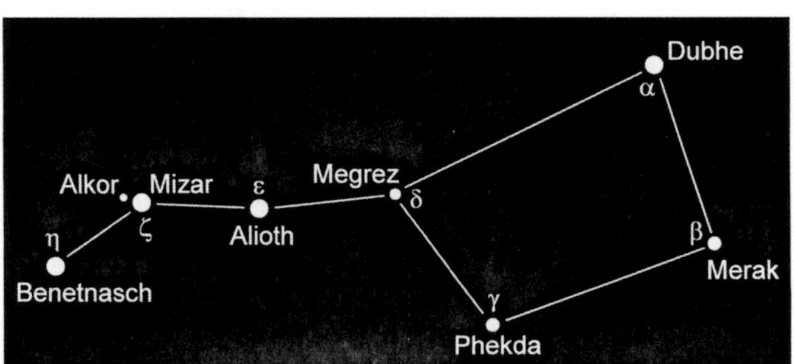

Abb. 2-2 *Testobjekte Alkor und Mizar im "Großen Wagen"*

Hält man ein Auge zu, so sollte mit dem anderen Auge Alkor gerade noch von Mizar zu trennen sein. In Großstädten ist dies aufgrund der verschmutzten Luft kaum möglich, so daß man in diesem Falle nicht unbedingt auf einen Augenfehler schließen kann. Auch mit Hilfe eines unserer Nachbarplaneten, der Venus, kann man sein Augenauflösungsvermögen testen. Bei ihrer größten Annäherung an die Erde erscheint sie unter einem Winkel von ca. 0.02°. Personen mit ausgesprochen guten Augen erscheint sie dann als Scheibe und nicht als Punkt.

Für das endliche Auflösungsvermögen des Auges ist der diskrete Aufbau der Netzhaut (Retina) verantwortlich. Unter einer Pigmentschicht befinden sich lichtempfindliche Rezeptoren. Dies sind 3 - 7 Millionen Zäpfchen für Tages- und Farbsehen und 70 - 120 Millionen Stäbchen für die Schwarzweißempfindung. Damit zwei Objektpunkte getrennt wahrzunehmen sind, müssen ihre Bilder auf der Netzhaut auf zwei nicht benachbarte Zäpfchen fallen, es muß also mindestens ein nichtaktiviertes Zäpfchen zwischen den Bildern liegen. Die Zäpfchen und Stäbchen sind auf der Netzhaut nicht gleichmäßig verteilt. Ihre höchste Konzentration haben sie im sogenannten Bereich des Scharfen Sehens (Fovea centralis) mit einem Abstand von ca. 1 μm, ansonsten liegt dieser bei 3 - 5 μm.

Da die folgenden Berechnungen zum Auflösungsvermögen der Lochkamera auf Überlegungen basieren, bei der die Abbildung von Objektpunkten im Vordergrund steht, wird folgender Weg zur Bestimmung des physiologischen Grenzwinkels eingeschlagen. Auf weißes Papier wird eine kleine, schwarze Kreisfläche gemalt. Befindet man sich in großer Entfernung zur Vorlage, so wird man lediglich das weiße Papier sehen. Nähert man sich der Vorlage, so erscheint ab einem gewissen Abstand ein schwach ausgeprägter Punkt, dessen Größe sich bei weiterer Abstandsverringerung kaum ändert, bis man allmählich erkennt, daß es sich um ein flächiges Gebilde handelt. Der scheinbare Punkt wird dann deutlich als Fläche identifiziert, so daß der Grenzwinkel festgelegt werden kann. Aufgrund des fließenden Übergangs ist die Angabe eines exakten Werts für den physiologischen Grenzwinkel relativ schwierig. Um ihn genauer bestimmen zu können, wird folgender Versuch gemacht. Auf eine weiße Unterlage wird eine Kreisfläche mit einer charakteristischen Größe bzw. einem Durchmesser von z.B. r = 1.5 mm und ein Quadrat derselben Fläche, d.h. mit der Kantenlänge $\pi^{1/2} r / 2$, gezeichnet. Man entfernt sich so weit von der Vorlage, daß die Flächen nicht mehr sichtbar sind. Nun nähert man sich dem Testbild und erkennt zuerst zwei sich gleichende Punkte, die ab einer bestimmten Distanz als flächige Gebilde unterschiedlicher Form erscheinen. Man kann zwar die genaue Form nicht identifizieren, aber das Auge ist in der Lage, einen Unterschied festzustellen. Durch diesen Effekt kann der Grenzwinkel genauer als bei der Beobachtung nur einer Kreisfläche bestimmt werden. Führt man den Versuch bei normaler Raumbeleuchtung mit unterschiedlichen Kontrasten zwischen Motiv und Vorlage, d.h. mit Flächen verschiedener Grauwerte, durch, dann stellt man je nach Kontrast unterschiedliche Grenzentfernungen fest. Je geringer der Kontrast, d.h. je heller der Grauwert der Flächen, desto geringer wird die Grenzentfernung, die den Grenzwinkel festlegt. Mehrere Personen führten diesen Versuch mit unterschiedlichen Motivkontrasten durch. Es ergab sich dabei ein mittlerer physiologischer Grenzwinkel von 0.04°. Dieser Wert wird für die folgenden Berechnungen benutzt. Er ist abhängig vom Pupillendurchmesser (bei normaler Raumbeleuchtung etwa 3 mm), vom Motivkontrast, vom Motiv selbst und natürlich von der Leistungsfähigkeit des Auges. Dieser Sachverhalt verdeutlicht die Problematik bei der Bestimmung des Grenzwinkels. In der Literatur (z.B. [2], [6], [7]) findet man Werte, die um den Faktor 5 differieren. Sie liegen zwischen 0.01° und 0.05°.

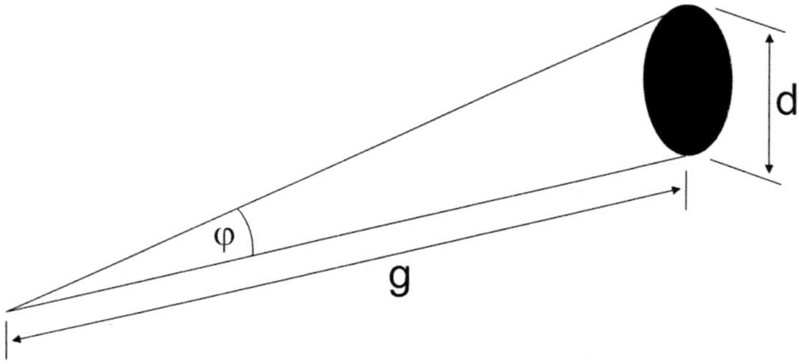

Abb. 2-3 *Sehwinkel φ, Gegenstandsweite g und charakteristische Größe d*

Der physiologische Grenzwinkel von 0.04° ist der Sehwinkel, unter dem das Auge gerade noch Details auflösen kann. Wird dieser Sehwinkel unterschritten, so erscheinen die Strukturen verschwommen, sie können nicht mehr aufgelöst werden. Die Abbildung 2-3 verdeutlicht den Zusammenhang zwischen dem Abstand g des Auges zur Motivvorlage, der charakteristischen Größe d und dem Sehwinkel φ :

$$g = \frac{d}{2\tan(\varphi/2)}$$

Bei einem Grenzwinkel $\varphi = 0.04°$ folgt nach obiger Gleichung für den Grenzabstand g_{min} :

$$g_{min} = 1432\,d$$

Für Entfernungen größer als g_{min} ist eine Auflösung von Details mit einer charakteristischen Größe d nicht mehr mög lich, da diese unter einem Sehwinkel kleiner als 0.04° erscheinen. Andererseits läßt sich auch eine charakteristische Größe d_{min} für eine beliebige Entfernung g angeben, unterhalb der die Details verschwimmen. Aus der letzten Gleichung folgt diesbezüglich :

$$d_{min} = 7 \cdot 10^{-4} g \qquad (2\text{-}1)$$

Die Größe d_{min} wird **Auflösungsgrenze** genannt. Den Kehrwert von d_{min} bezeichnet man als **Auflösungsvermögen** A. Für das menschliche Auge gilt somit :

$$A_{Auge} = \frac{1}{d_{min}} = 1432 \frac{1}{g} \qquad (2\text{-}2)$$

Das Auflösungsvermögen, d.h. die Fähigkeit, Objekte getrennt wahrzunehmen, ist also umgekehrt proportional zur Entfernung g. Für z.B. g = 100 m liegt die Auflösungsgrenze bei d_{min} = 70 mm und das Auflösungsvermögen bei A = 0.014 mm^{-1} = 14 m^{-1}. Das relativ geringe Auflösungsvermögen des menschlichen Auges verdeutlicht das folgende Beispiel. Ein Spionagesatellit ist in der Lage, aus einer Höhe von 600 km Objekte im Abstand von 10 cm zu trennen. Auf eine Entfernung von 100 m bezogen bedeutet dies d_{min} = 0.017 mm und A = 60000 m^{-1}.

2.2 Typische Betrachtungsweite

Aus den Überlegungen des letzten Kapitels folgt, daß es von der Betrachtungsweite des Beobachters, also der Entfernung zwischen Beobachter und Bild, abhängt, ob Details erkannt werden oder nicht. Wird ein unscharfes Bild aus großer Entfernung betrachtet, so wird die Unschärfe nicht auffallen. Abhängig vom Bildformat wird man allerdings eine **typische Betrachtungsweite** g_{ty} einnehmen. Bei dieser Entfernung zum Bild füllt die Bilddiagonale einen Raumwinkel von $\Omega_{ty} \approx 1.0$ sr (Steradiant) aus, der mit der Fovea centralis korreliert. Dieser Raumwinkel entspricht in etwa dem Bereich des Scharfen Sehens. Der vom Auge erfaßte Raumwinkel ist tatsächlich viel größer und liegt bei ca. 5 sr, aber nur etwa ein Fünftel dieses Bereichs liefert ein scharfes Bild.

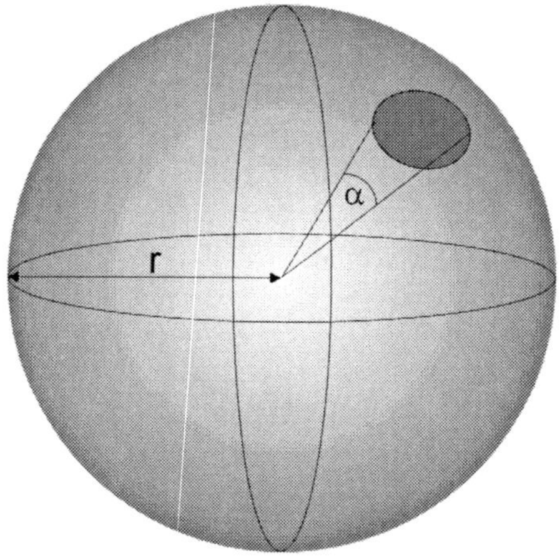

Abb. 2-4 *Ebener Winkel α*

Für die weiteren Betrachtungen ist es sinnvoller, den mit dem Raumwinkel Ω verknüpften ebenen Winkel α einzuführen (Abb. 2-4). Der volle Raumwinkel einer Kugel mit der Oberfläche $F = 4\pi r^2$ beträgt :

$$\Omega = \frac{F}{r^2}\ \text{sr} = 4\pi\ \text{sr} \approx 12.6\ \text{sr}$$

Der mit einem beliebigen ebenen Winkel α korrespondierende Raumwinkel Ω ist :

$$\Omega = \frac{\alpha}{360^\circ} 4\pi \text{ sr}$$

Für den ebenen Winkel α_{ty} bei typischer Betrachtungsweite, d.h. Ω_{ty} = 1.0 sr, gilt somit :

$$1.0 \text{ sr} = \frac{\alpha_{ty}}{360^\circ} 4\pi \text{ sr} = \frac{\alpha_{ty}}{360^\circ} 12.6 \text{ sr}$$

$$\rightarrow \qquad \alpha_{ty} = \frac{1.0 \text{ sr}}{12.6 \text{ sr}} 360^\circ \approx 30^\circ \qquad (2\text{-}3)$$

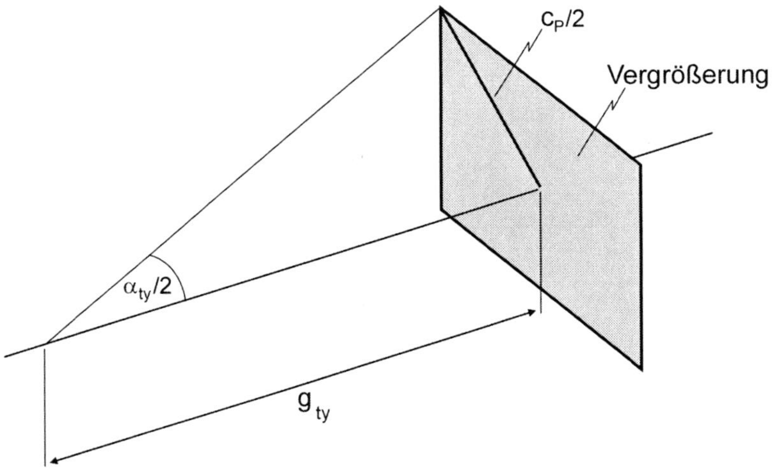

Abb. 2-5 *Typische Betrachtungsweite g_{ty}*

Für die folgenden Überlegungen ist der Zusammenhang zwischen der typischen Betrachtungsweite g_{ty} unter dem Blickwinkel α_{ty} und der Bilddiagonalen c_P von Bedeutung. Wie aus der Abbildung 2-5 zu ersehen ist, gilt der Zusammenhang

$$\tan(\alpha_{ty}/2) = \frac{c_P/2}{g_{ty}}$$

und es folgt mit $\alpha_{ty} = 30°$:

$$g_{ty} = \frac{c_P}{2\tan(\alpha_{ty}/2)} \approx 2\,c_P \qquad (2\text{-}4)$$

Eine Vergrößerung des Formats (24 x 30) cm^2 mit einer Diagonalen von c_P = 38.4 cm wird man in der Regel aus einem Abstand von g_{ty} = 2 · 38.4 cm ≈ 77 cm betrachten. Die Abbildung 2-6 zeigt für die gängigsten Papierformate die typische Betrachtungsweite als Funktion der Bild- bzw. Positivdiagonalen.

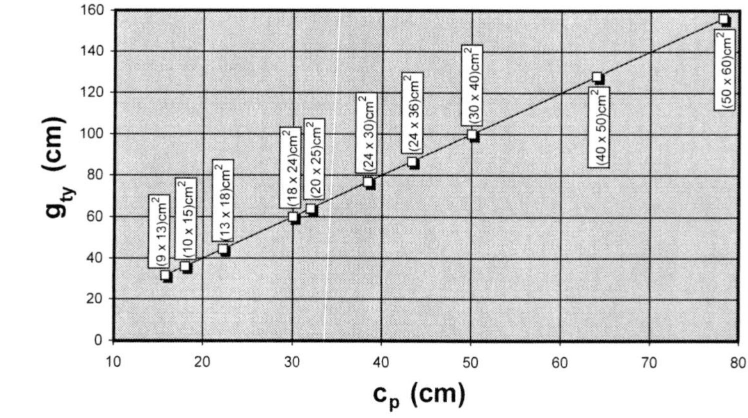

Abb. 2-6 *Zusammenhang zwischen der typischen Betrachtungsweite g_{ty} und der Positivdiagonalen c_P für gängige Fotopapierformate*

2.3 Bildschärfe und Auflösungsbedingung

Bei der Bildschärfe handelt es sich um einen Sammelbegriff. Die Schärfe eines Negativs bzw. dessen Vergrößerung ist von einer Vielzahl von Komponenten abhängig wie Auflösungsvermögen der Kamera, Schichtdicke der Emulsion, Korngröße des Silberhalogenids, Vibrationsfreiheit während der Aufnahme, Streulicht, Negativentwickler, Entwicklungsmethode usw. Da man durch die Konzeption der Lochkamera lediglich das Auflösungsvermögen beeinflussen kann, wird in den vorliegenden Untersuchungen die Bildschärfe ausschließlich mit dem Auflösungsvermögen verknüpft. Die Optimierung des Auflösungsvermögens ist daher mit der Optimierung der Lochkamera gleichbedeutend.

Wie in Kapitel 2.2 gezeigt wurde, beträgt der typische Betrachtungsabstand $g_{ty} = 2\ c_P$, wobei c_P die Diagonale einer Vergrößerung darstellt. Unter der Voraussetzung, daß ein Bild im Abstand g_{ty} betrachtet wird, liegt die Auflösungsgrenze nach den Gleichungen (2-1) und (2-4) bei

$$d_{P,min} = 7 \cdot 10^{-4}\ g_{ty} = 1.4 \cdot 10^{-3}\ c_P \qquad (2\text{-}5)$$

Unter den Annahmen, daß der physiologische Grenzwinkel 0.04° beträgt und die typische Betrachtungsweite dem Doppelten der Bilddiagonalen entspricht, können bei einer Vergrößerung z.B. des Formats (24 x 30) cm^2 Strukturen mit einer charakteristischen Größe kleiner als $d_{P,min}$ = 0.54 mm nicht mehr aufgelöst werden, wenn die Betrachtungsweite größer als 77 cm beträgt.

Damit man durch das Vergrößern eines Negativs ein Bild erhält, welches den oben genannten Kriterien genügt, muß man an das Negativ analoge Anforderungen hinsichtlich der

Auflösungsgrenze stellen. Das Auflösungskriterium (2-5) für das Positiv ist mit dem des Negativs über den Vergrößerungsfaktor V gekoppelt :

$$V = \frac{c_P}{c_N}$$

mit c_P : Positivdiagonale
c_N : Negativdiagonale

Stellt man aus einem Kleinbildnegativ (24 x 36) mm^2 eine Vergrößerung des Formats (10 x 15) cm^2 her, so beträgt der Vergrößerungsfaktor V = 180.3 mm / 43.3 mm = 4.16. Bezüglich der Diagonalen wurde das Negativ um den Faktor 4.16 vergrößert.

Eine Struktur mit der charakteristischen Größe $d_{P,min}$ auf einem Positiv korreliert daher mit der Größe $d_{N,min}$ auf einem Negativ und es gilt :

$$\begin{aligned} d_{N,min} &= \frac{1}{V}\, d_{P,min} \\ &= \frac{1}{V}\, 1.4 \cdot 10^{-3}\, c_P \\ &= \frac{c_N}{c_P}\, 1.4 \cdot 10^{-3}\, c_P \\ &= 1.4 \cdot 10^{-3}\, c_N \end{aligned}$$

Die **Auflösungsbedingung d für Negative** mit $d = d_{N,min}$ lautet daher :

$$\boxed{d = 1.4 \cdot 10^{-3}\, c_N} \qquad (2\text{-}6)$$

Die letzte Gleichung ist für die weiteren Überlegungen wichtig. Sie besagt folgendes :

In einer Lochkamera mit einem Negativ der Diagonalen c_N müssen die Blendenöffnung und die Kameralänge derart korrelieren, daß die Auflösungsbedingung $d = 1.4 \cdot 10^{-3}\ c_N$ erfüllt wird. Dann erscheint eine beliebige Vergrößerung unter Einhaltung der typischen Betrachtungsweite und unter der Annahme, daß der physiologische Grenzwinkel 0.04° beträgt, scharf. Die Größe d bezeichnet dabei die charakteristische Größe der Abbildung eines Punktes bzw. den Abstand zweier Punktabbildungen auf dem Negativ (Abb. 2-7).

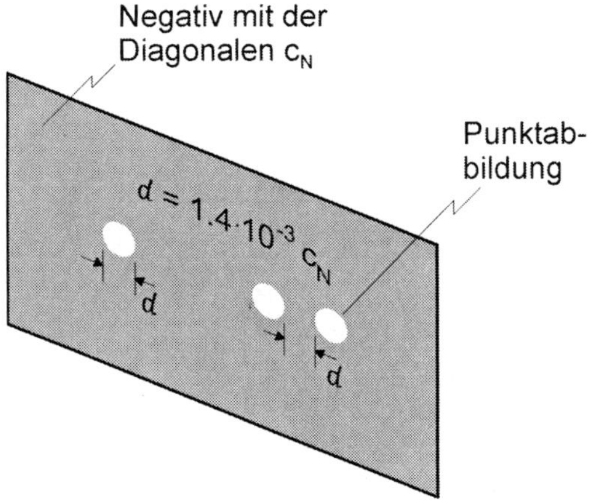

Abb. 2-7 *Auflösungsbedingung* d

Beim Kleinbildnegativformat (24 x 36) mm^2 mit der Diagonalen c_N = 43.3 mm ergibt sich beispielsweise eine Auflösungsgrenze von $d_{N,min}$ = 0.06 mm. Wird ein ausgedehntes Objekt abgebildet und ist die charakteristische Größe der Abbildung kleiner als 0.06 mm, so erscheint es auf einer beliebigen Vergrößerung strukturlos. Dies gilt unter der Voraussetzung, daß man die Vergrößerung unter dem typischen Abstand von g_{ty} = 2 c_P betrachtet. Wird das Negativ z.B. um den Faktor 10 bzgl. c_N vergrößert, so ergibt sich ein Bild mit einer Diagonalen von 43 cm und der Wert für die Auflösungsgrenze beträgt $d_{P,min}$ = 0.6 mm. Betrachtet man das Bild aus der Entfernung g_{ty} von 86 cm, so erscheint ein Detail mit der charakteristischen Größe von 0.6 mm unter einem Winkel von $\varphi = \arctan(d/g) = 0.04°$, was dem Auflösungsgrenzwinkel des Auges entspricht. Das Auflösungsvermögen beträgt in diesem Beispiel $A = 1/d_{N,min}$ = 17 mm^{-1}. Da gängiges Fimmaterial Werte von (100 - 200) mm^{-1} erreicht, ist dieses Auflösungsvermögen hinsichtlich der Emulsion ohne weiteres realisierbar.

Betrachtet man das obige Beispiel für das Negativformat (4 x 5) $inch^2$ (1 inch = 25.4 mm) mit c_N = 162.6 mm, so ergibt sich für die Auflösungsgrenze $d_{N,min}$ ein Wert von 0.23 mm bzw. eine Auflösung von nur 4.4 mm^{-1}. Diese geringe Auflösung erklärt sich daraus, daß man lediglich einen Vergrößerungsfaktor von 2.6 benötigt, um ein Bild der Diagonalen von 43 cm zu erhalten.

Um eine vorgegebene Abbildungsgüte zu erzielen, müssen daher bei der Verwendung kleiner Negativformate höhere Anforderungen an das Abbildungssystem als bei Verwendung großer Formate gestellt werden.

3 Kreisförmige Blendenöffnung

Im Kapitel 2 wurden diejenigen Bedingungen hergeleitet, die eine Lochkamera für die Herstellung detailgenauer Abbildungen erfüllen muß. Als Resumée ergab sich die Auflösungsbedingung $d = 1.4 \cdot 10^{-3}\ c_N$. Der Anknüpfungspunkt für die Überlegungen war das Auflösungsvermögen des menschlichen Auges und die Tatsache, daß Bilder in Abhängigkeit ihrer Größe aus einem typischen Abstand betrachtet werden. Im folgenden wird das Abbildungsverhalten der Lochkamera quantitativ aus Sicht der geometrischen Optik und der Wellenoptik vor dem Hintergrund der Auflösungsbedingung d betrachtet. Dabei werden Zusammenhänge zwischen den Lochkameraparametern - Kameralänge b und Durchmesser D einer kreisförmigen Blendenöffnung - hergeleitet.

3.1 Geometrische Optik

Bildet eine Lochkamera der Länge b mit dem Kreisblendendurchmesser D einen Punkt, der sich an einem beliebigen Ort im Objektraum befindet, ab, so entsteht auf dem Negativ eine Abbildung in Form der wahren Blendenöffnung (Kreis) mit dem Durchmesser d. Dieser Zusammenhang ergibt sich aus den folgenden Überlegungen. Bezeichnet man mit g die Gegenstandsweite, so ergeben sich aus Abbildung 3-1 die Zusammenhänge :

$$\tan(\alpha_1) = \frac{h_1}{g+b} = \frac{s+D}{g}$$

und

$$\tan(\alpha_2) = \frac{h_2}{g+b} = \frac{s}{g}$$

Daraus folgt für die Größen h_1 bzw. h_2 :

$$h_1 = \frac{(g+b)(s+D)}{g}$$

und

$$h_2 = \frac{(g+b)\,s}{g}$$

Als Differenz von h_1 und h_2 ergibt sich der Punktabbildungsdurchmesser d :

$$\boxed{d = \left(1+\frac{b}{g}\right)D} \qquad (3\text{-}1)$$

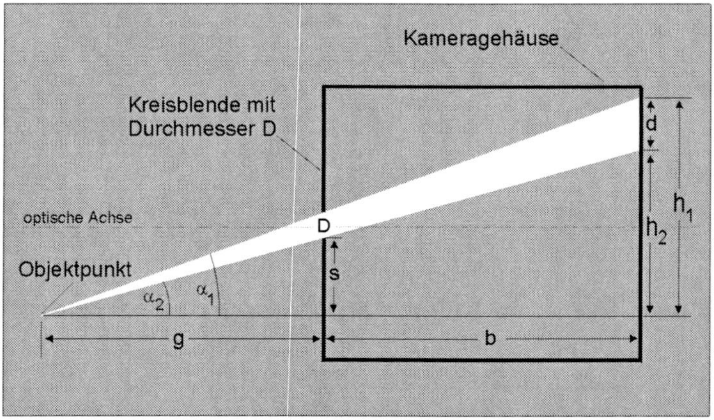

Abb. 3-1 *Abbildung eines Objektpunktes*

Die Gleichung (3-1) zeigt, daß der Blendendurchmesser D und der Durchmesser d des abgebildeten Punktes proportional sind. Für den Fall $g \gg b$, der z.B. bei Landschaftsaufnahmen eintritt, kann man d = D annehmen. Da detailgetreue Abbildungen einen kleinen Punktabbildungsdurchmesser erfordern, wird hiermit ersichtlich, daß aus Sicht der geometrischen Optik ein kleiner Blendendurchmesser notwendig ist. Weiterhin sieht man, daß d nicht von den Winkeln α_1 und α_2 abhängt. Damit ist gezeigt, daß das Bild auf dem Negativ stets kreisförmig ist und der Durchmesser d nicht vom Abstand des Objektpunktes zur optischen Achse abhängt.

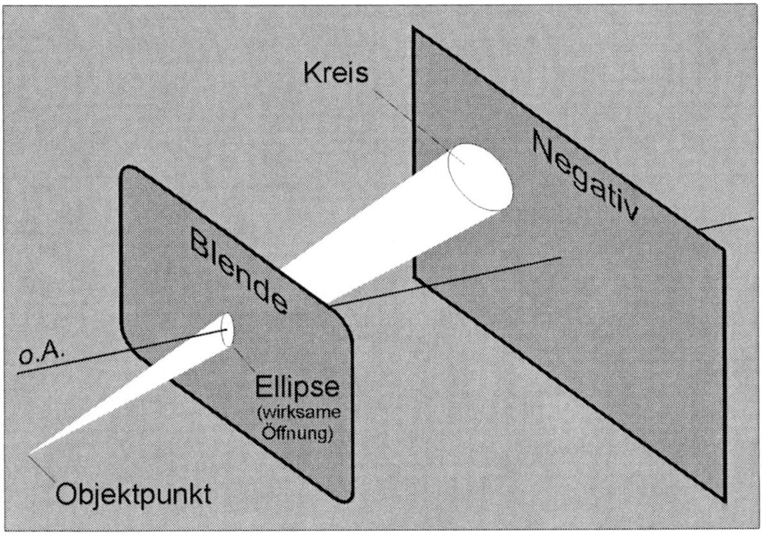

Abb. 3-2 *Kreisförmige Punktabbildung bei elliptischer Form der wirksamen Blendenöffnung (o.A. : optische Achse)*

In diesem Zusammenhang soll der Unterschied zwischen der wahren und der wirksamen Blendenöffnung erläutert werden. Aus dem Blickwinkel der optischen Achse zeigt sich die Blendenöffnung als Kreis. Es handelt sich um die Form der wahren Blendenöffnung. Für Orte außerhalb der optischen Achse ändert sich das Erscheinungsbild der Öffnung (wirksame Blendenöffnung), sie nimmt die Form einer Ellipse an (Abb. 3-2). Der Schluß liegt deshalb nahe, die Punktabbildung stelle sich für Orte jenseits der optischen Achse ebenfalls ellipsenförmig dar. Wie man bei der Herleitung von Gleichung (3-1) gesehen hat, ist dies jedoch nicht der Fall. Es ist damit bewiesen, daß die Punktabbildung immer die Form einer Kreisfläche mit dem Durchmesser d annimmt. Der Durchmesser d ist für eine feste Gegenstandsweite g konstant. Es muß noch erwähnt werden, daß sich die elliptische Form der wirksamen Blendenöffnung nur bei unendlich dünnen Blenden zeigt. Die Öffnungsfläche dicker (realer) Blenden erscheint aus Sicht jenseits der optischen Achse als sogenanntes Kreiszweieck (siehe Kap. 5). Da die Näherung für unendlich dünne Blenden gut approximiert, muß dieser Effekt nicht berücksichtigt werden.

Der Gleichung (3-1) entnimmt man, daß ein Punkt stets auf eine nicht entartete 2-dimensionale Fläche abgebildet wird. Die Ungleichung $d \leq 1.4 \cdot 10^{-3}\, c_N$, die aus der Auflösungsbedingung d folgt, ist eine notwendige Bedingung dafür, daß die Abbildung eines Punktes auf einer Vergrößerung nicht als flächiges Gebiet erkannt wird. Für den größtmöglichen Punktabbildungsdurchmesser gilt also :

$$d_{max} = 1.4 \cdot 10^{-3}\, c_N \qquad (3\text{-}2)$$

Der maximal erlaubte Öffnungsdurchmesser der Blende hat daher mit Gleichung (3-1) die Form :

$$\boxed{D_{max}(b) = \frac{d_{max}}{1 + b/g} = 1.4 \cdot 10^{-3}\, \frac{c_N}{1 + b/g}} \qquad (3\text{-}3)$$

Es ergibt sich der Wertebereich

$$D_{max}(b) \in \left]0\ ,\ 1.4 \cdot 10^{-3}\, c_N\right]$$

und der Definitionsbereich

$$b \in \left]0, \infty\right[\quad .$$

Ein Objektpunkt, der auf ein Negativ abgebildet und auf einer Vergrößerung im Abstand g_{ty} betrachtet wird, kann nur dann als Punkt erkannt werden, wenn der Durchmesser der Blendenöffnung den Wert $D_{max}(b)$ nicht überschreitet.

Die Gleichung (3-3) zeigt, daß man bei einer festen Kameralänge b theoretisch für jede Gegenstandsweite g eine Blende mit einem passenden Öffnungsdurchmesser verwenden muß. Dieser Sachverhalt wird in Kapitel 3.3 näher besprochen. Es wird sich herausstellen, daß eine Änderung der Gegenstandsweite im Bereich zwischen g = 10 m und g = ∞ nur einen sehr geringen Einfluß auf die Kameraparameter b und D hat.

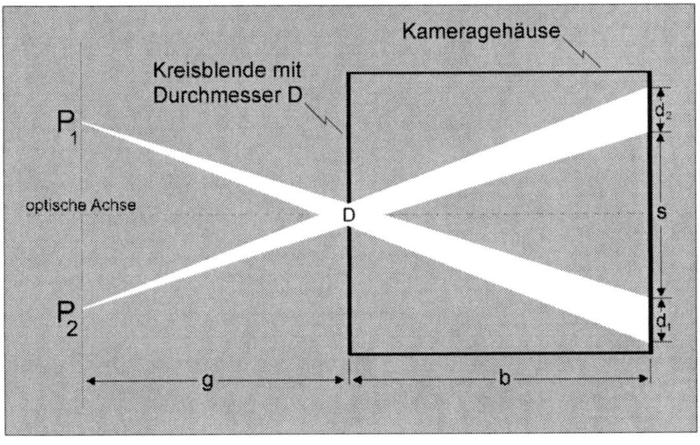

Abb. 3-3 *Abbildung zweier Punkte P_1 und P_2*

Im folgenden wird die Trennbarkeit zweier Punkte besprochen. Diese werden auf einer Vergrößerung, die aus der Entfernung g_{ty} betrachtet wird, dann getrennt wahrgenommen, wenn deren Abstand s auf einem Negativ mit der Diagonalen c_N größer oder gleich $1.4 \cdot 10^{-3}\, c_N$ ist. Die Abbildung 3-3 verdeutlicht diesen Sachverhalt. Die zwei Objektpunkte P_1 und P_2 liegen soweit auseinander, daß ihre Bilder mit den Durchmessern d_1 und d_2 getrennt auf einer Vergrößerung erscheinen, wenn $s \geq 1.4 \cdot 10^{-3}\, c_N$ gilt. Zwischen den Punkten P_1 und P_2 läßt sich ein Punkt P_3 denken, so daß auf dem Negativ eine dritte Abbildung mit dem Durchmesser d_3 zwischen d_1 und d_2 ensteht. Es ergibt sich also $d_3 \leq s$. Im allgemeinen kann dies nur für $d_3 \leq 1.4 \cdot 10^{-3}\, c_N$ realisiert werden. Wieder ergibt sich für den maximal erlaubten Punktabbildungsdurchmesser

$$d_{max} = 1.4 \cdot 10^{-3}\, c_N$$

und mit Gleichung (3-1) für den maximal erlaubten Öffnungsdurchmesser $D_{max}(b)$:

$$D_{max}(b) = \frac{d_{max}}{1 + b/g} = 1.4 \cdot 10^{-3} \frac{c_N}{1 + b/g}$$

Die letzte Gleichung entspricht der Gleichung (3-3). Sie besagt, daß zwei Punkte im Abstand g zur Lochkamera der Länge b und dem Öffnungsdurchmesser $D_{max}(b)$ unter der vorgegebenen Randbedingung (2-6) derart abgebildet werden, daß auf einer beliebigen Vergrößerung unter Einhaltung der typischen Betrachtungsweite g_{ty} die Punkte getrennt werden können.

Beispielsweise ergibt sich für $g \gg b$ beim Kleinbildformat (c_N = 43.3 mm) ein maximaler Blendendurchmesser von D_{max} = 0.06 mm. Die Größe dieses Öffnungsdurchmessers deutet darauf hin, daß eine wellenoptische Betrachtung notwendig wird. Die geometrische Optik liefert nur für $D \gg \lambda$ brauchbare Ergebnisse. Diese Bedingung wird im obigen Beispiel verletzt.

3.2 Wellenoptik

Die in Kapitel 3.1 aufgezeigten Zusammenhänge wurden im Rahmen der geometrischen Optik als Grenzfall der Wellenoptik für $\lambda \to 0$ gefunden. Die Gesetze der geometrischen Optik sind anwendbar und liefern gute Ergebnisse, wenn die Lichtwellenlänge klein im Vergleich zum Durchmesser der Blendenöffnung ist. Ein analoger Sachverhalt gilt für die Gesetze der klassischen Mechanik, die nur dann Gültigkeit besitzen, wenn die de Broglie-Wellenlänge eines materiellen Objektes vernachlässigbar ist. Ist dies nicht der Fall, gelten die Gesetze der Quantenmechanik.

Wie das letzte Beispiel aus Kapitel 3.1 zeigt, ergeben die Überlegungen aus Sicht der geometrischen Optik eine Blendenöffnung in der Größenordnung einiger Hundertstel Millimeter. Es wird daher nicht ausreichen, den Abbildungsvorgang bei einer Lochkamera lediglich geometrisch zu betrachten. Man muß den Einfluß der Welleneigenschaft des Lichts auf den Abbildungsvorgang näher untersuchen.

Für den Fall, daß die Wellenlänge nicht sehr klein gegenüber dem Öffnungsdurchmesser der Blende ist, zeigt die Abbildung einer punktförmigen Lichtquelle einen Intensitätsverlauf, der mit den Gesetzen der geometrischen Optik nicht zu erklären ist. Ein kreisförmiges Zentralmaximum, die sogenannte **Airy-Scheibe**, ist von dunklen und hellen Ringen, den Airy-Ringen, umgeben. Die Abbildung 3-4 zeigt das Phänomen bei einer Kreisblende. Korrekterweise muß gesagt werden, daß sich diese Erscheinung immer zeigt, allerdings in der abgebildeten deutlichen Ausprägung nur für den oben beschriebenen Fall.

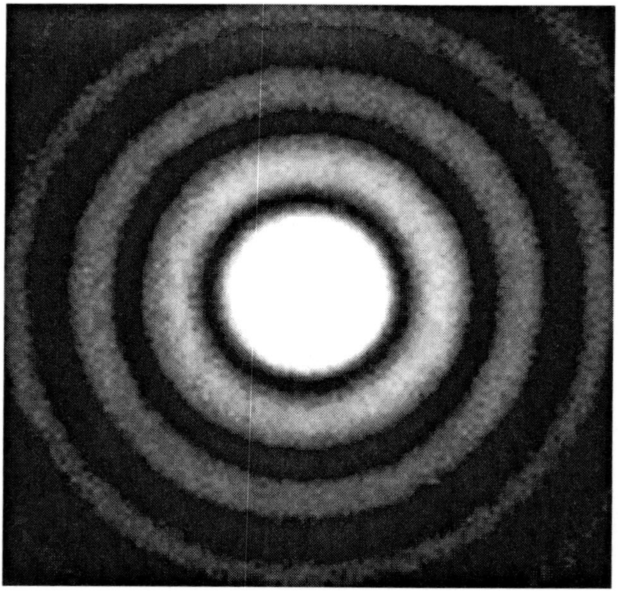

Abb. 3-4 *Zentrale Airy-Scheibe mit Airy-Ringen [2]*

Dieses Phänomen wird durch den physikalischen Effekt der **Beugung** verursacht und kann im Rahmen der Wellenoptik, deren Prämisse die Welleneigenschaft des Lichts ist, erklärt werden ([1], [2], [4]). Die Wellenoptik ist die naheliegende Betrachtungsweise im Rahmen dieser Überlegungen. Eine ebenfalls mögliche Behandlung der Beugung als korpuskularer Quanteneffekt wäre nicht sinnvoll.

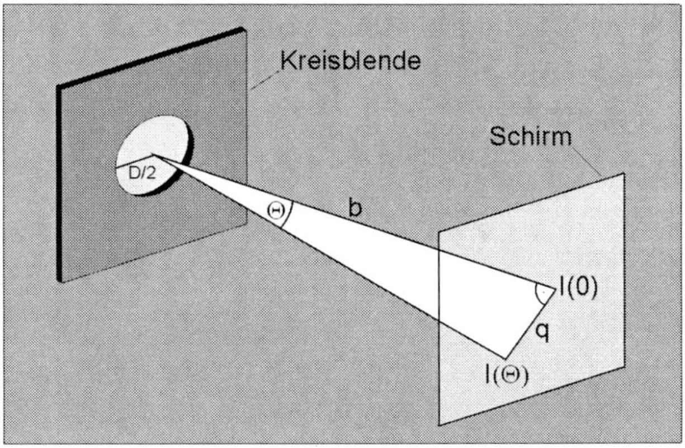

Abb. 3-5 *Veranschaulichung der Gleichung (3-4)*

Die Ursache von Beugungsmustern liegt darin begründet, daß Licht von der geradlinigen Ausbreitung abweicht, wenn es auf ein Hindernis, wie z.B. die Kante einer Blendenöffnung, trifft. Es ändert sich dadurch die Amplitude eines Teils der Wellenfront. Hinter dem Hindernis interferieren verschiedene Anteile der Wellenfront und erzeugen die als Beugungsmuster bekannte Verteilung der Energiedichte. Aus der theoretischen Behandlung dieser sogenannten Fraunhofer- oder Fernfeldbeugung ($b \gg D$, Wellenfront parallel zur Blende) an einer kreisförmigen Öffnung folgt eine Gleichung für die Intensitätsverteilung $I(\Theta)$. Diese wurde zum ersten mal von Sir G.B. Airy (1801-1892) hergeleitet.

$$I(\Theta) = I(0)\left(\frac{2J_1(k \cdot D/2 \cdot \sin\Theta)}{k \cdot D/2 \cdot \sin\Theta}\right)^2 \qquad (3\text{-}4)$$

mit

$J_1(u)$	:	Bessel-Funktion 1. Art und 1. Ordnung
$I(0)$	:	Zentralintensität
Θ	:	Beugungswinkel
k	:	Wellenzahl ($k = 2\pi/\lambda$)
λ	:	Wellenlänge
D	:	Durchmesser der kreisförmigen Blendenöffnung

Die Abbildung 3-5 veranschaulicht die Größen, die in der Gleichung (3-4) verwendet werden. Einen typischen Intensitätsverlauf bei Beugung an einer kreisförmigen Öffnung zeigt die Abbildung 3-6.

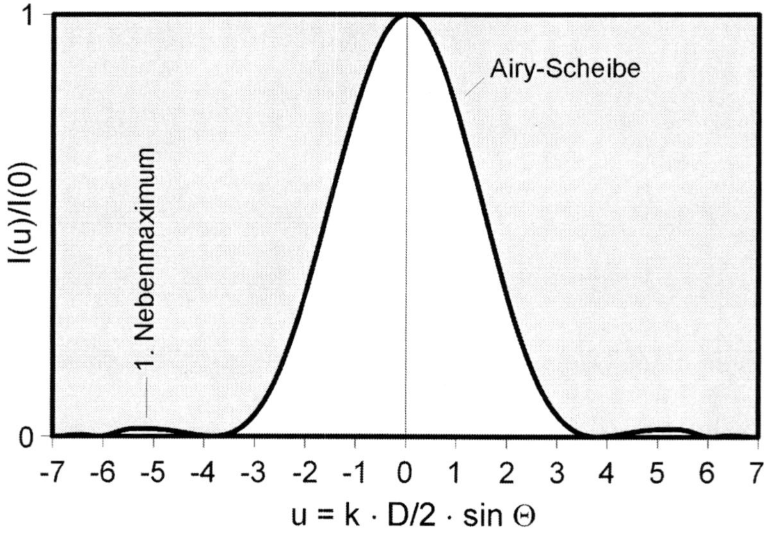

Abb. 3-6 *Intensitätsverteilung des Airy-Musters*

Aufgrund der axialen Symmetrie kann man sich den Graphen der Funktion I(u)/I(0) um die Ordinate rotierend vorstellen (Abb.3-7). Damit erscheint das Hauptmaximum als dominierender Peak (Airy-Scheibe), umgeben von dunklen und hellen Ringen. Die dunklen Ringe ergeben sich aus den Nulldurchgängen der Funktion $J_1(u)$. Da die Zentralintensität I(0) proportional zum Quadrat der Blendenöffnungsfläche und diese wiederum proportional zum Quadrat der Öffnungsdurchmessers D ist, gilt :

$$I(\Theta) \sim D^4 \left(\frac{2J_1(k \cdot D/2 \cdot \sin\Theta)}{k \cdot D/2 \cdot \sin\Theta} \right)^2 \qquad (3\text{-}5)$$

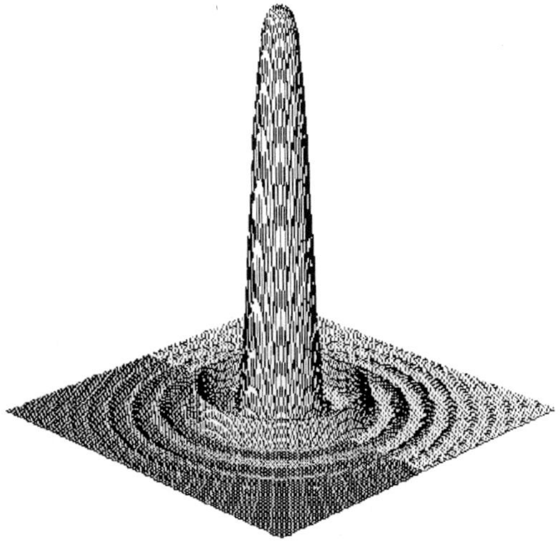

Abb. 3-7 *Typische Intensitätsverteilung bei Fraunhoferbeugung an einer kreisförmigen Öffnung*

Eine nur geringe Vergrößerung des Blendendurchmessers bedeutet also einen erheblichen Helligkeitszuwachs des Beugungsmusters, insbesondere der Airy-Scheibe.

Die Bessel-Funktion (oder Zylinderfunktion) erster Art und n-ter Ordnung besitzt folgende Reihenentwicklung :

$$J_n(x) = \sum_{j=0}^{\infty} \frac{(-1)^j \left(\frac{x}{2}\right)^{2j+n}}{j!\,\Gamma(n+j+1)}$$

Da die Gamma-Funktion für ganzzahlige, positive Argumente die Form $\Gamma(h) = (h - 1)!$ besitzt, ergibt sich für die relative Intensität :

$$\frac{I(\Theta)}{I(0)} = \left(\sum_{j=0}^{\infty} \frac{(-1)^j (k \cdot D/4 \cdot \sin\Theta)^{2j}}{j!\,(j+1)!} \right)^2 \qquad (3\text{-}6)$$

Anhand der Gleichung (3-6) wurden für drei unterschiedliche Blendendurchmesser mit λ = 550 nm (Empfindlichkeitsmaximum sowohl des menschlichen Auges als auch panchromatischen Filmmaterials) die Intensität I als Funktion des Beugungswinkels Θ berechnet. Die Abbildung 3-8 zeigt die linear aufgetragenen Graphen dieser Funktionen. Um die Größenverhältnisse der ersten Nebenmaxima darzustellen, benötigt die Ordinate keinen Maßstab. Die Graphen veranschaulichen, daß mit wachsendem Blendendurchmesser zum einen die Intensitäten deutlich ansteigen und sich zum anderen die Nebenmaxima immer dichter an die schmaler werdenden Airy-Scheiben nähern. Dieser Sachverhalt bedeutet letztendlich, daß sich mit stetig wachsendem Öffnungsdurchmesser das Beugungsmuster immer mehr einem kreisrunden, homogenen Scheibchen, wie es die geometrische Optik vorhersagt, annähert. Dieses Phänomen erinnert an das Bohrsche Korrespondenzprinzip aus der Quantenmechanik. Es besagt, daß im Grenzfall großer Quantenzahlen quantenmechanische und klassische Rechnungen dasselbe Resultat ergeben. Hier gilt entsprechend, daß im Grenzfall großer Blendenöffnungen geometrische und wellenoptische Rechnungen dasselbe Resultat liefern. Für kleine Öffnungen (D $\approx \lambda$) beobachtet man Phänomene, die die Gesetze der geometrischen Optik nicht erklären können. Die Gesetze der Wellenoptik müssen dann berücksichtigt werden.

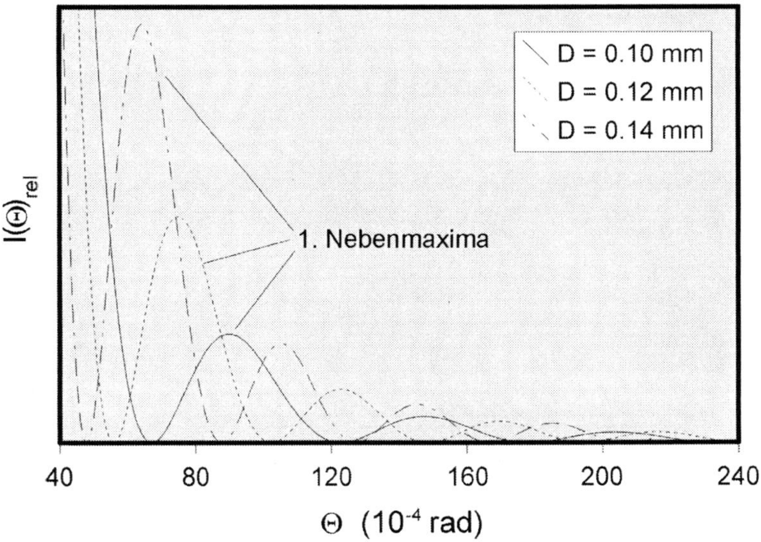

Abb. 3-8 *Intensitätsverläufe für drei Blendendurchmesser*

Nach den Gesetzen der geometrischen Optik muß der Öffnungsdurchmesser einer Kreisblende klein sein, um hochauflösende Abbildungen zu erzielen. Große Öffnungen liefern großflächige Punktbilder, die keine detailgenauen Abbildungen zulassen. Denselben Schluß zieht man nach obigen Überlegungen auch aus den Gesetzen der Wellenoptik. Daher muß die Beugung für den Fall kleiner Öffnungsdurchmesser hinsichtlich einer hohen Abbildungsgüte quantitativ untersucht werden.

Kleine Blendenöffnungen erzeugen ein Beugungsmuster mit einer ausgeprägten Airy-Scheibe, die ein weit schwächer ausgeprägtes Ringsystem umgibt, als dies bei großen Öffnungen der Fall ist. Die zentrale, helle Airy-Scheibe entspricht der Punktabbildung. Der erste dunkle Ring, der die zentrale Airy-Scheibe begrenzt, resultiert aus dem ersten Nulldurchgang der Bessel-Funktion $J_1(u_0)$ für $u_0 = k \cdot D/2 \cdot \sin\Theta = 3.832$ [3]. Der Radius des Kreises, der den ersten dunklen Ring gerade umschließt, definiert man als den Radius q_A der Airy-Scheibe. Da allgemein für kleine Winkel $\sin\Theta \approx \tan\Theta$ gilt, erhält man aus Abbildung 3-5 :

$$\sin\Theta = \frac{q}{b}$$

Es gilt somit in guter Näherung für den Durchmesser $d_A = 2q_A$ der Airy-Scheibe :

$$3.832 = k\,\frac{D}{2}\sin\Theta = \frac{2\pi}{\lambda}\,\frac{D}{2}\,\frac{d_A}{2b}$$

$$\rightarrow \qquad \boxed{d_A = 2.44\,\frac{\lambda\, b}{D}} \qquad (3\text{-}7)$$

Ein Objektpunkt erzeugt also in einer Lochkamera der Länge b mit Öffnungsdurchmesser D eine Abbildung in Form eines Beugungsmusters, wie es die Abbildung 3-4 verdeutlicht. Dabei besitzt die zentrale Airy-Scheibe einen durch die Gleichung (3-7) beschriebenen Durchmesser d_A. Damit die Bilder zweier Objektpunkte auf einer Vergrößerung unter der typischen Betrachtungsweite g_{ty} getrennt erscheinen, müssen die Airy-Scheiben einen Abstand auf dem Negativ von mindestens $1.4 \cdot 10^{-3}\ c_N$ besitzen (Abb. 3-3). Mit derselben Argumentation, die bei der geometrischen Betrachtungsweise (siehe Kap. 3.1) angewandt wurde, zieht man auch hier den Schluß, daß eine Trennung auf einer Vergrößerung nur dann möglich ist, wenn $d_A \leq 1.4 \cdot 10^{-3}\ c_N$ gilt. Man erhält daher für den maximal erlaubten Punktabbildungsdurchmesser

$$d_{A,max} = 1.4 \cdot 10^{-3}\ c_N \qquad (3\text{-}8)$$

und mit Gleichung (3-7) für den minimal erlaubten Öffnungsdurchmesser $D_{min}(b)$

$$\boxed{D_{min}(b) = \frac{2.44\,\lambda\,b}{1.4 \cdot 10^{-3}\ c_N} = 1743\,\frac{\lambda\,b}{c_N}} \qquad (3\text{-}9)$$

Es ergibt sich der Wertebereich

$$D_{min}(b) \in \left]0\,,\infty\right[$$

und der Definitionsbereich

$$b \in \left]0\,,\infty\right[\qquad .$$

Das Zahlenbeispiel am Ende des Kapitels 2.3 lieferte unter Anwendung der Regeln der geometrischen Optik einen Öffnungsdurchmesser von $D = 0.06$ mm mit $\lambda = 550$ nm, $c_N = 43.3$ mm und $g \gg b$. Nach Gleichung (3-9) ergibt sich nach den Gesetzen der Wellenoptik mit einer typischen Kameralänge von $b = 50$ mm für das Kleinbildformat $c_N = 43.3$ mm ein minimaler Öffnungsdurchmesser von

1.1 mm. Es ist $D \gg \lambda$, so daß die wellenoptische Betrachtungsweise unangebracht scheint. Bei diesem Öffnungsdurchmesser entsteht keine punktförmige Abbildung. Die Airy-Scheibe besitzt zwar den geforderten Maximaldurchmesser

$$d_A = 2.44 \frac{\lambda\, b}{D} = 0.06\,\text{mm} = 1.4 \cdot 10^{-3}\, c_N = d_{A,max} \quad ,$$

aber die Nebenmaxima liegen so dicht, daß sich praktisch eine flächige Abbildung, wie es die geometrische Optik vorhersagt, ergibt. Da nach Gleichung (3-9) der Öffnungsdurchmesser $D_{min}(b)$ proportional zur Kameralänge b ist, wird eine geringere Kameralänge für einen entsprechend kleineren Öffnungsdurchmesser und damit für eine Abbildung sorgen, die einem punktförmigen Bild näher kommt. Nach Gleichung (3-7) bleibt bei Konstanz des Quotienten b/D der Durchmesser der Airy-Scheibe erhalten. Eine drastische Intensitätsverringerung des Beugungsmusters würde nach Gleichung (3-5) dafür sorgen, daß die Nebenmaxima deutlich an Gewicht verlieren und sich eine punktförmige Abbildung zeigen würde. Die Kombination der beiden optischen Teilgebiete wird klären, wie die Kameralänge zu wählen ist.

3.3 Kameraoptimierung

Die Ergebnisse der letzten beiden Kapitel, die die Berechnung der Blendenöffnung nach den Gesetzen der geometrischen Optik und der Wellenoptik behandelten, kann man folgendermaßen zusammenfassen :

Die **geometrische Optik** liefert unter den gegebenen Randbedingungen für den maximalen Öffnungsdurchmesser $D_{max}(b)$ die Gleichung

$$D_{max}(b) = 1.4 \cdot 10^{-3} \frac{c_N}{1 + b/g} \tag{3-10}$$

bzw. die Ungleichung

$$D(b) \leq 1.4 \cdot 10^{-3} \frac{c_N}{1 + b/g} \tag{3-10a}$$

mit dem Wertebereich

$$D_{max}(b) \in \left]0\,,\,1.4 \cdot 10^{-3}\, c_N\right]$$

und dem Definitionsbereich

$$b \in \left]0\,,\,\infty\right[\quad .$$

Aus der **Wellenoptik** folgt unter den gegebenen Randbedingungen für den minimalen Öffnungsdurchmesser $D_{min}(b)$ die Gleichung

$$D_{min}(b) = 1743 \frac{\lambda\, b}{c_N} \tag{3-11}$$

bzw. die Ungleichung

$$D(b) \geq 1743 \frac{\lambda\, b}{c_N} \tag{3-11a}$$

mit dem Wertebereich

$$D_{min}(b) \in \left]0\,,\,\infty\right[$$

und dem Definitionsbereich

$$b \in \left]0\,,\,\infty\right[\quad .$$

Sind die Gegenstandsweite g, die Negativdiagonale c_N und die Wellenlänge λ fest, ergibt sich durch Kombination obiger Gleichungen der optimale Öffnungsdurchmesser D_{opt} und die optimale Kameralänge b_{opt}. Die Abbildung 3-9 zeigt anschaulich den qualitativen Zusammenhang der unterschiedlichen Öffnungsdurchmesser.

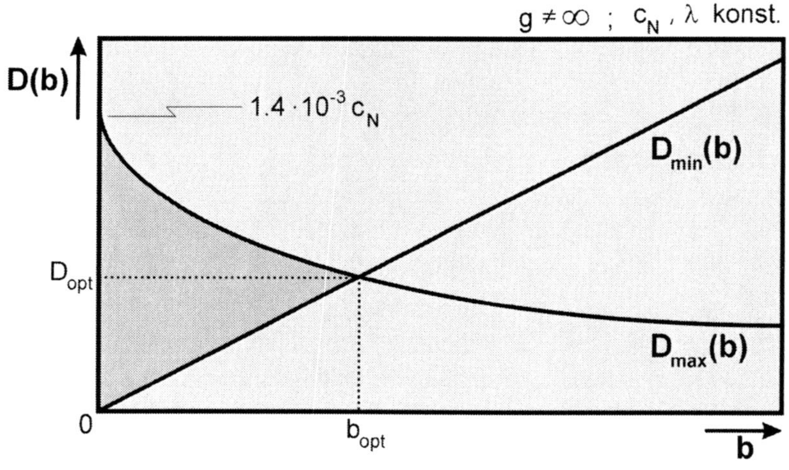

Abb. 3-9 *Öffnungsdurchmesser $D_{min}(b)$ und $D_{max}(b)$ als Funktion der Kameralänge b für $g \neq \infty$*

Alle Wertepaare (D, b), die die Ungleichungen (3-10a) und (3-11a) erfüllen, liegen im dunkelgrau unterlegten Bereich der Abbildung 3-9. Lochkameras mit den Parametern D und b aus diesem Bereich sind in der Lage, Objekte derart abzubilden, daß Vergrößerungen unter Einhaltung der typischen Betrachtungsweite scharf erscheinen. Die Auflösungsbedingung $d = 1.4 \cdot 10^{-3}\ c_N$ wird für diese Parameter immer erfüllt. Es wird sich zeigen, daß die Kameralängen sehr klein sind, so daß es aus konstruktionstechnischen und perspektivischen Gründen sinnvoll ist, den maximal möglichen Wert für die optimale Länge anzuwenden. Dieser ergibt sich aus dem Schnittpunkt von $D_{min}(b)$ mit $D_{max}(b)$.

Aus $D_{min}(b) = D_{max}(b)$ folgt

$$1.4 \cdot 10^{-3} \frac{c_N}{1 + b/g} = 1743 \frac{\lambda\, b}{c_N}$$

und es ergibt sich für $b = b_{opt}$:

$$g \neq \infty \qquad b_{opt} = \frac{g}{2}\left(\sqrt{1 + 3.2 \cdot 10^{-6} \frac{c_N^2}{g\lambda}} - 1\right) \qquad (3\text{-}12)$$

Die optimale Kameralänge b_{opt} ist somit eine Funktion der Gegenstandsweite g, der Lichtwellenlänge λ und der Negativdiagonalen c_N. Durch Einsetzen von b_{opt} in die Gleichungen (3-10) oder (3-11) erhält man den Wert für den optimalen Öffnungsdurchmesser D_{opt} :

$$g \neq \infty \qquad D_{opt} = 1.4 \cdot 10^{-3} \frac{c_N}{1 + b_{opt}/g} \qquad (3\text{-}13)$$

oder

$$g \neq \infty \qquad D_{opt} = 1743 \frac{\lambda\, b_{opt}}{c_N} \qquad (3\text{-}14)$$

Auf den ersten Blick scheinen die Gleichungen (3-13) und (3-14) widersprüchlich, da in (3-13) D_{opt} nicht von der Wellenlänge λ und in (3-14) nicht von der Gegenstandsweite g explizit abhängt. Da aber $b_{opt} = b_{opt}(g, \lambda, c_N)$ gilt, sind D_{opt}

aus (3-13) und (3-14) implizit von diesen Größen abhängig. Es gilt also $D_{opt} = D_{opt}(g, \lambda, c_N)$. Für eine feste Wellenlänge (abhängig vom Empfindlichkeitsmaximum der Filmemulsion), eine feste Negativdiagonale und feste Gegenstandsweite ergibt sich ein eindeutiger Wert für den optimalen Öffnungsdurchmesser.

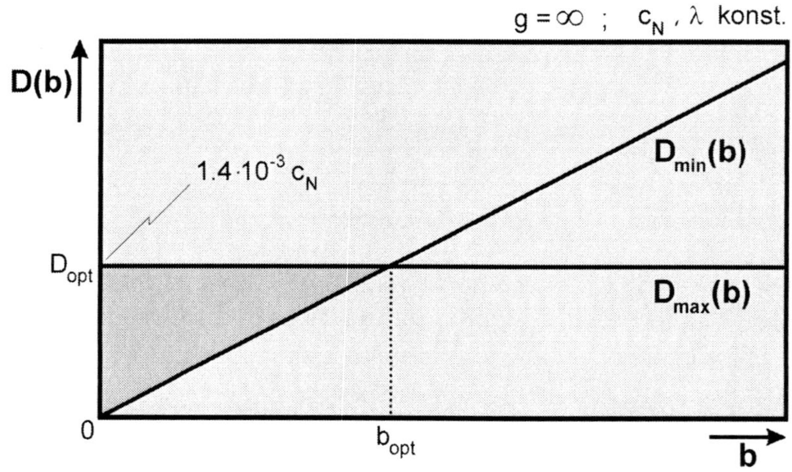

Abb. 3-10 *Öffnungsdurchmesser $D_{min}(b)$ und $D_{max}(b)$ als Funktion der Kameralänge b für $g = \infty$*

In der Praxis ist die Bestimmung der Lochkameraparameter D und b in der oben beschriebenen allgemeinen Form selten notwendig, da meistens $g \gg b$ bzw. $g = \infty$ gesetzt werden kann (Abb. 3-10). Für diesen Fall liefert die geometrische Optik nach den Gleichungen (3-10) und (3-10a) für den Öffnungsdurchmesser die Gleichung

$$D_{max}(b) = 1.4 \cdot 10^{-3}\, c_N \qquad (3\text{-}15)$$

bzw. die Ungleichung

$$D(b) \le 1.4 \cdot 10^{-3}\, c_N \qquad (3\text{-}15a)$$

und die Wellenoptik liefert nach (3-11) und (3-11a) die Gleichung

$$D_{min}(b) = 1743 \, \frac{\lambda\, b}{c_N} \qquad (3\text{-}16)$$

bzw. die Ungleichung

$$D(b) \ge 1743 \, \frac{\lambda\, b}{c_N} \quad . \qquad (3\text{-}16a)$$

Wie im obigen Fall für $g \neq \infty$ gilt auch hier, daß alle Wertepaare (D, b), die die Ungleichungen (3-15a) und (3-16a) erfüllen, im dunkelgrau unterlegten Bereich der Abbildung 3-10 liegen. Lochkameras mit diesen Parametern sind optimiert, d.h. die Bedingung $d = 1.4 \cdot 10^{-3}\, c_N$ wird erfüllt. Auch für diesen Fall ($g = \infty$) ist es angebracht, den maximal möglichen Wert für die optimale Kameralänge anzuwenden, der sich aus dem Schnittpunkt der beiden Geraden ergibt.

Aus $D_{max}(b) = D_{min}(b)$ folgt

$$1.4 \cdot 10^{-3}\, c_N = 1743 \, \frac{\lambda\, b}{c_N}$$

und es ergibt sich für $b = b_{opt}$:

$g = \infty$ $$\boxed{b_{opt} = 8 \cdot 10^{-7} \, \frac{c_N^2}{\lambda}} \qquad (3\text{-}17)$$

Den optimalen Öffnungsdurchmesser D_{opt} liefert sofort die Gleichung (3-15), da sie nicht von der Kameralänge b abhängt. Diesen Sachverhalt macht die Abbildung 3-1 anschaulich klar, wenn man sich den Objektpunkt in unendlicher Entfernung zur Blende vorstellt. Dann entspricht der Durchmesser der Punktabbildung dem Öffnungsdurchmesser, gleichgültig, wie lang die Kamera ist.

$$g = \infty \qquad \boxed{D_{opt} = 1.4 \cdot 10^{-3}\, c_N} \qquad (3\text{-}18)$$

Die folgende Zusammenfassung zeigt noch einmal die Bestimmungsgleichungen für die Kameraparameter einer Lochkamera mit kreisförmiger Blendenöffnung.

3.3.1 Bestimmungsgleichungen

Bei den Berechnungen des letzten Kapitels wurden zwei Fälle unterschieden. Zum einen ergaben sich Gleichungen für die optimalen Kameraparameter bei einer definierten Negativdiagonalen für Gegenstandsweiten $g \neq \infty$. Zum anderen wurden für die Annahme $g \gg b$ bzw. $g = \infty$ Näherungslösungen angegeben. Die Gleichungen für b_{opt} beschreiben den Maximalwert der optimalen Kameralänge. Mit Kameralängen kleiner b_{opt} wird die Auflösungsbedingung $d = 1.4 \cdot 10^{-3}\, c_N$ immer erfüllt. Die Bestimmungsgleichungen werden im folgenden noch einmal zusammengefaßt.

Allgemeiner Fall (g ≠ ∞)

$$b_{opt} = \frac{g}{2}\left(\sqrt{1 + 3.2 \cdot 10^{-6}\,\frac{c_N^2}{g\,\lambda}} - 1\right) \qquad (3\text{-}19)$$

Optimale Kameralänge

$$\begin{aligned} D_{opt} &= 1.4 \cdot 10^{-3}\,\frac{c_N}{1 + b_{opt}/g} \\ &= 1743\,\frac{\lambda\,b_{opt}}{c_N} \end{aligned} \qquad (3\text{-}20)$$

Optimaler Öffnungsdurchmesser

Spezieller Fall (g = ∞)

$$b_{opt} = 8 \cdot 10^{-7}\,\frac{c_N^2}{\lambda} \qquad (3\text{-}21)$$

Optimale Kameralänge

$$D_{opt} = 1.4 \cdot 10^{-3}\,c_N \qquad (3\text{-}22)$$

Optimaler Öffnungsdurchmesser

3.3.2 Größtfehlerabschätzung

Die Auflösungsbedingung d wird bei Anwendung der optimalen Kameralänge b_{opt} und des optimalen Öffnungsdurchmessers D_{opt} erfüllt. Inwieweit Variationen dieser Größen Einfluß auf die Auflösungsbedingung hat, zeigt der Größtfehler des Punktabbildungsdurchmessers nach dem Fehlerfortpflanzungsgesetz. Für die geometrische Optik gilt nach Gleichung (3-1) für den Punktabbildungsdurchmesser

$$d = \left(1 + \frac{b}{g}\right) D$$

und für die Wellenoptik folgt nach Gleichung (3-7)

$$d_A = 2.44 \frac{\lambda\, b}{D} \quad .$$

Bezeichnet man mit $\partial f / \partial x$ die partielle Ableitung von $f = f(x,y)$ nach x und mit Δb und ΔD die absoluten Größtfehler für die Kameralänge b und den Öffnungsdurchmesser D, so haben die absoluten Größtfehler bezüglich der Punktabbildungsdurchmesser die Form :

$$\begin{aligned} \Delta d &= \left| \frac{\partial d}{\partial b} \Delta b \right| + \left| \frac{\partial d}{\partial D} \Delta D \right| \\ &= \frac{D}{g} \Delta b + \left(1 + \frac{b}{g}\right) \Delta D \\ &= (d - D) \frac{\Delta b}{b} + d \frac{\Delta D}{D} \end{aligned}$$

bzw.

$$\Delta d_A = \left| \frac{\partial d_A}{\partial b} \Delta b \right| + \left| \frac{\partial d_A}{\partial D} \Delta D \right|$$
$$= \frac{2.44\,\lambda}{D} \Delta b + \frac{2.44\,\lambda\, b}{D^2} \Delta D$$
$$= d_A \frac{\Delta b}{b} + d_A \frac{\Delta D}{D}$$

Für die relativen Größtfehler folgt :

$$\frac{\Delta d}{d} = \left(1 - \frac{D}{d}\right) \frac{\Delta b}{b} + \frac{\Delta D}{D} \le \frac{\Delta b}{b} + \frac{\Delta D}{D} \qquad (3\text{-}23)$$

bzw.

$$\frac{\Delta d_A}{d_A} = \frac{\Delta b}{b} + \frac{\Delta D}{D} \qquad (3\text{-}24)$$

Es ergibt sich also :

$$\frac{\Delta d}{d} \le \frac{\Delta d_A}{d_A}$$

Hieraus folgt, daß der Fehlerbeitrag, der sich aus der wellenoptischen Betrachtung ergibt, größer oder gleich dem Fehlerbeitrag aus der geometrischen Betrachtungsweise ist. Der geometrische Fehlerbeitrag muß daher nicht berücksichtigt werden. Außerdem erkennt man, daß der relative Größtfehler additiv von den relativen Größtfehlern $\Delta b/b$ und $\Delta D/D$ abhängt. Wird eine Lochkamera mit Abweichungen von z.B. $\pm$ 10% hinsichtlich ihrer Länge und Öffnungsdurchmesser hergestellt, so muß man nach (3-24) mit einem relativen Größtfehler von $\pm$ 20% für die Auflösungsbedingung rechnen. Es wird also $d = 1.4 \cdot 10^{-3}\, c_N \pm 20\%$ sein, was zu einer signifikanten Verschlechterung der Abbildungsqualität führen kann.

3.3.3 Optimale Kameraparameter

Die Tabelle 3-1 zeigt für gängige Negativformate und unterschiedliche Gegenstandsweiten die nach den Gleichungen (3-19) - (3-22) berechneten optimalen Kameralängen b_{opt} und optimalen Öffnungsdurchmesser D_{opt}. Die Werte zeigen eine sehr geringe Abhängigkeit von der Gegenstandsweite. Zwischen $g = 10$ m und $g = \infty$ ergeben sich bei kleinen Negativformaten Abweichungen im Promillebereich, bei grossen Formaten bis maximal 6%. Diese geringe Abhängigkeit deutet auf einen sehr großen Tiefenschärfebereich hin, der bei Lochkameras typischerweise deutlich größer als bei Linsenkameras ist. Auf das Thema Tiefenschärfe wird im Kapitel 3.5 näher eingegangen.

Wie die Größtfehlerabschätzung des Kapitels 3.3.2 zeigt, würde bei den geringen Abweichungen der Kameraparameter die Anwendung der Mittelwerte zu einer nur minimalen Abbildungsverschlechterung führen. Daher zeigt die Tabelle 3-2 die in der Praxis verwendbaren Parametermittelwerte der Tabelle 3-1.

		g			
		10 m	**100 m**	**1000 m**	∞
$c_{N,1}$	b_{opt}	2,7264	2,7270	2,7271	2,7271
	D_{opt}	0,0604	0,0604	0,0604	0,0606
$c_{N,2}$	b_{opt}	10,4734	10,4833	10,4843	10,4844
	D_{opt}	0,1183	0,1184	0,1184	0,1189
$c_{N,3}$	b_{opt}	16,9998	17,0258	17,0284	17,0287
	D_{opt}	0,1506	0,1509	0,1509	0,1515
$c_{N,4}$	b_{opt}	32,6209	32,7166	32,7262	32,7273
	D_{opt}	0,2085	0,2091	0,2092	0,2100
$c_{N,5}$	b_{opt}	38,3096	38,4416	38,4549	38,4564
	D_{opt}	0,2259	0,2266	0,2267	0,2276
$c_{N,6}$	b_{opt}	68,9676	69,3951	69,4385	69,4433
	D_{opt}	0,3026	0,3045	0,3047	0,3059
$c_{N,7}$	b_{opt}	151,6212	153,6839	153,8965	153,9201
	D_{opt}	0,4284	0,4529	0,4535	0,4554

Tabelle 3-1 *Optimale Kameraparameter b_{opt} und D_{opt} nach den Gleichungen (3-19) - (3-22) (Angaben im mm, Negativformate siehe S. 138)*

Weiterhin zeigen die Werte der Tabelle 3-1, daß insbesondere bei kleinen Negativformaten die Kameralänge b_{opt} unter den hier geltenden Randbedingungen sehr klein ist. Dieser Sachverhalt führt zu der Frage, in welcher Weise sich die Abbildungsqualität ändert, wenn eine beliebige Kameralänge $b_{bel} > b_{opt}$ benutzt wird. Die Auflösungsbedingung d wird in diesem Fall verletzt, so daß die Abbildungsqualität sinken wird. Dieses Thema wird daher im folgenden Kapitel näher behandelt.

	b_{opt} (mm)	D_{opt} (mm)
$c_{N,1}$	2,727	0,060
$c_{N,2}$	10,481	0,119
$c_{N,3}$	17,021	0,151
$c_{N,4}$	32,698	0,209
$c_{N,5}$	38,416	0,227
$c_{N,6}$	69,311	0,304
$c_{N,7}$	153,280	0,448

Tabelle 3-2 *Optimale Kameraparameter für beliebige Gegenstandsweiten (Negativformate siehe S. 138)*

3.4 Beliebige Kameraparameter

Es wurde gezeigt, daß mit Hilfe der Gleichungen (3-19) - (3-22) optimale Parameter für Lochkameras mit Kreisblende für jedes feste Negativformat berechnet werden können. Dabei gelten die Randbedingungen, die in Kapitel 2 beschrieben wurden. Die Auflösungsbedingung d wird verletzt und damit die Abbildungsleistung verringert, wenn eine beliebige Kameralänge $b_{bel} > b_{opt}$ und/oder eine beliebige Öffnung $D_{bel} \neq D_{opt}$ gewählt wird. Wie stark eine Abbildungsverschlechterung durch Abweichungen der Kameraparameter ausfällt, wurde im Kapitel 3.3.2 durch die Größtfehlerbestimmung des Punktabbildungsdurchmessers behandelt. Die Überlegungen ergaben, daß sich die relativen Fehler der einzelnen Kameraparameter addieren.

Aus praktischen Gründen ist es sinnvoll zu untersuchen, wie man bei Vorgabe eines nicht optimalen Kameraparameters den anderen Parameter zu wählen hat, damit die Abbildungsqualität optimal wird. Abschließend werden beliebige Kameraparameter vor dem Hintergrund einer variablen Negativdiagonalen betrachtet. Dieses Thema scheint nicht sinnvoll zu sein, da die Hersteller von Filmmaterial nur eine begrenzte Anzahl unterschiedlicher Negativformate bereitstellen. Es wird sich allerdings zeigen, daß die Untersuchung dieser Frage zu einer Kameraoptimierung führen kann, obwohl nicht optimale Parameter benutzt werden.

3.4.1 Kameralänge

Aufgrund der geringen Längen der optimierten Lochkameras ist es unter Umständen wünschenswert, eine beliebige Länge $b_{bel} > b_{opt}$ für die Kamera zu wählen. Auch aufgrund der ausgeprägten natürlichen Helligkeitsabnahme zum Negativrand hin, die sich mit einer Verlängerung der Kamera und der damit verbundenen Verkleinerung des Bildwinkels abschwächt, sollten Überlegungen zu einer Kameraverlängerung angestellt werden. Das Phänomen der natürlichen Helligkeitsabnahme wird in Kapitel 3.7 behandelt. Es wird im folgenden untersucht, inwieweit sich eine Verlängerung unter Anpassung des Blendenöffnungsdurchmessers auf die Abbildungsqualität auswirkt. Dieser Sachverhalt wird durch die Abbildung 3-11 veranschaulicht.

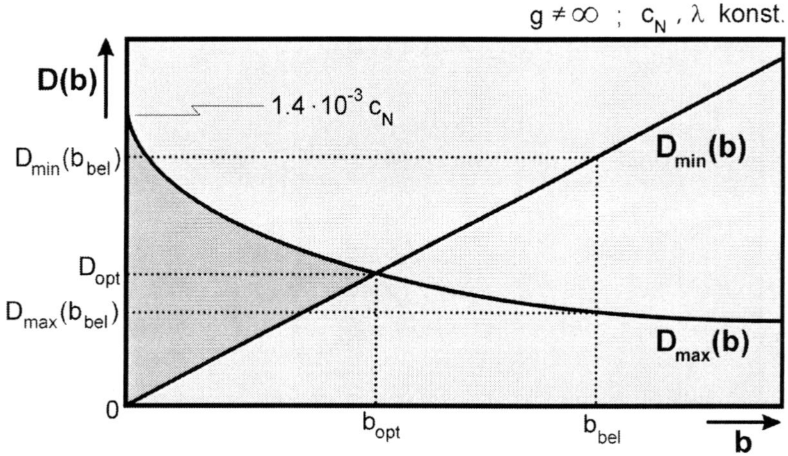

Abb. 3-11 *Beliebige Kameralänge* b_{bel} *für* $g \neq \infty$

Es wird der für eine beliebig vorgegebene Kameralänge $b_{bel} > b_{opt}$ geeignetste Öffnungsdurchmesser D_{bel} gesucht, d.h. ein D_{bel}, für das der zugehörige Punktabbildungsdurchmesser d_{bel} minimal wird. Da $D_{min}(b)$ und $D_{max}(b)$ einen unterschiedlichen Steigungsverlauf aufweisen, ist dieses Problem nichtlinear, d.h. der geeignetste Öffnungsdurchmesser ist nicht der Mittelwert der Werte $D_{min}(b_{bel})$ und $D_{max}(b_{bel})$. Die Größe d_{bel} ergibt sich aus den Bestimmungsgleichungen (3-1) und (3-7). Beide Ausdrücke werden simultan minimiert, wenn ihre Summe F(D) minimal wird. Setzt man also

$$F(D) = \left(1 + \frac{b}{g}\right) D + 2.44 \, \frac{\lambda \, b}{D} \qquad (3\text{-}25)$$

so ergibt sich für D_{bel} mit $F'(D_{bel}) = 0$ und $F''(D_{bel}) > 0$ ein Kandidat für den geeignetsten Öffnungsdurchmesser. Es gilt

$$\frac{dF(D)}{dD} = \left(1+\frac{b}{g}\right) - 2.44\,\frac{\lambda\, b}{D^2} \qquad (3\text{-}26)$$

sowie

$$\frac{d^2F(D)}{dD^2} = 4.88\,\frac{\lambda\, b}{D^3} \qquad (3\text{-}26a)$$

Für $D \in\ ]\,0\,,\infty\,[$ gilt

$$\frac{d^2F(D)}{dD^2} > 0 \quad ,$$

d.h. jede positive Nullstelle D_{bel} von F'(D) ist ein relatives Minimum von F(D). Da F'(D) genau eine positive Nullstelle besitzt und

$$\lim_{D\to 0} F(D) > F(D_{bel})$$

sowie

$$\lim_{D\to \infty} F(D) > F(D_{bel})$$

gilt, ist D_{bel} das absolute Minimum. Man berechnet aus $F'(D_{bel}) = 0$ für $b_{bel} > b_{opt}$:

$g \neq \infty$

$$\boxed{D_{bel} = \sqrt{\frac{2.44\,\lambda\, b_{bel}}{1+b_{bel}/g}}} \qquad (3\text{-}27)$$

$g = \infty$

$$\boxed{D_{bel} = \sqrt{2.44\,\lambda\, b_{bel}}} \qquad (3\text{-}28)$$

Die Gleichungen (3-27) bzw. (3-28) liefern den Blendenöffnungsdurchmesser D_{bel}, der für eine beliebige Kameralänge b_{bel} einen minimalen Punktabbildungsdurchmesser gewährleistet. Dieser Durchmesser entspricht erwartungsgemäß nicht der Auflösungsbedingung d, so daß die Abbildungsqualität bei Verwendung von b_{bel} und D_{bel} nicht optimal ist.

Um diesen Sachverhalt zu verdeutlichen, zeigt die Abbildung 3-12 das Verhältnis d_{bel}/d_{opt} als Funktion von b_{bel}/b_{opt}. Die Größe d_{opt} ist dabei der optimale Punktabbildungsdurchmesser d, also $1.4 \cdot 10^{-3}\, c_N$.

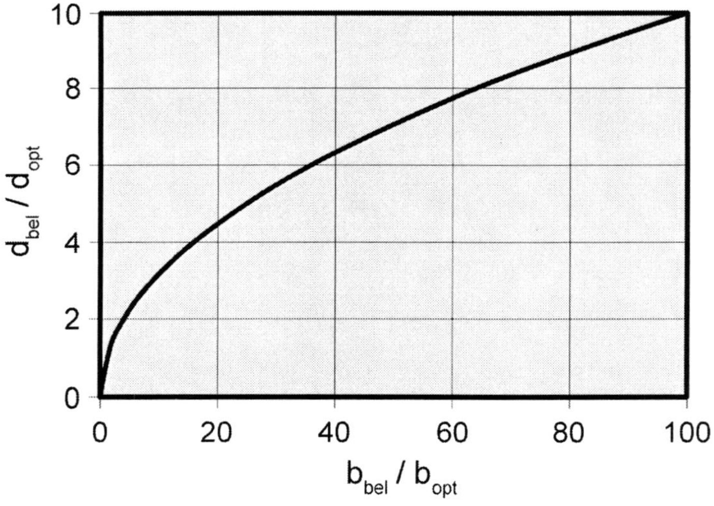

Abb. 3-12 *Abbildungsleistung in Abhängigkeit der Kameralänge*

Durch Kombination der Gleichungen (3-1) oder (3-7) mit (3-27) bzw. (3-28) ergibt sich für d_{bel} :

$$g \neq \infty \qquad d_{bel} = \sqrt{2.44\, \lambda\, b_{bel}\, (1 + b_{bel} / g)} \qquad (3\text{-}29)$$

$$g = \infty \qquad d_{bel} = \sqrt{2.44\, \lambda\, b_{bel}} \qquad (3\text{-}30)$$

Mit den Gleichungen (2-6), (3-19,21) und (3-29,30) folgt :

$$\frac{d_{bel}}{d_{opt}} = \sqrt{\frac{b_{bel}}{b_{opt}}} \qquad (3\text{-}31)$$

Das Wachstumsverhalten der Funktion $d_{bel}(b_{bel})$ ist geringer als das einer linearen Funktion. Vergrößert man die Kameralänge b_{opt} um den Faktor K, so nimmt d_{bel} um den Faktor $K^{1/2}$ zu. Verdoppelt man z.B. b_{opt}, d.h. $b_{bel} = 2\ b_{opt}$, so vergrößert sich d_{bel} relativ zu d um ca. 40%. Ein konkretes Beispiel soll an der optimierten Kamera mit $D_{opt} = 0.304$ mm, $b_{opt} = 69{,}31$ mm und $c_N = 218.5$ mm behandelt werden (siehe Tabelle 3-2). Eine Verlängerung der Kamera auf $b_{bel} = 200$ mm ergibt mit Gleichung (3-28) für $g = \infty$ einen Wert für den Öffnungsdurchmesser von $D_{bel} = 0.518$ mm. Nach Gleichung (3-30) folgt für den nun gültigen Punktabbildungsdurchmesser $d_{bel} = 0.518$ mm. Der optimale Durchmesser beträgt laut Auflösungsbedingung $d = 0.306$ mm. Die Größe d_{bel} ist um den Faktor 1.7 größer als d. Dieser Faktor entspricht dem Wert $(b_{bel} / b_{opt})^{1/2}$.

Eine willkürliche Vergrößerung der Kameralänge zieht trotz angepaßten Öffnungsdurchmessers eine deutliche Verschlechterung der Abbildungsqualität nach sich. Eine optimierte Kameraverlängerung, d.h. eine Verlängerung unter Einhaltung der Auflösungsbedingung d, ist nur dann möglich, wenn die Negativdiagonale als weitere variable Größe betrachtet wird (siehe Kap. 3.4.3).

Für den eher theoretischen Fall $b_{bel} < b_{opt}$ zeigt die Abbildung 3-11, daß unendlich viele Werte für den Öffnungsdurchmesser D_{bel} existieren, die die Auflösungsbedingung d erfüllen. Alle Wertepaare des dunkelgrau unterlegten Bereichs, der durch die Funktionen $D_{min}(b)$ und $D_{max}(b)$ begrenzt wird, liefern eine optimale Abbildungsqualität. Es folgt daher mit den Gleichungen (3-3) und (3-9) für $b_{bel} < b_{opt}$:

$$g \neq \infty \qquad D_{bel} \in \left[1743\,\frac{\lambda\, b_{bel}}{c_N}\ ,\ \frac{1.4 \cdot 10^{-3}\, c_N}{1 + b_{bel}\,/\,g} \right] \qquad (3\text{-}32)$$

bzw.

$$g = \infty \qquad D_{bel} \in \left[1743\,\frac{\lambda\, b_{bel}}{c_N}\ ,\ 1.4 \cdot 10^{-3}\, c_N \right] \qquad (3\text{-}33)$$

3.4.2 Öffnungsdurchmesser

Es kann technische Probleme bereiten, für eine Lochkamera der Länge b_{opt} eine Blendenöffnung nach den Ergebnissen der Gleichungen (3-20) oder (3-22) genau herzustellen. Im folgenden soll untersucht werden, wie eine Anpassung der Kameralänge an einen beliebigen Öffnungsdurchmesser $D_{bel} \neq D_{opt}$ durchzuführen ist.

Für $g \neq \infty$ unterscheidet man die beiden Fälle (Abb. 3-13) $D_{bel} \in \,]\,0\ ,\ 1.4 \cdot 10^{-3}\, c_N\,]$ und $D_{bel} \in \,]\,1.4 \cdot 10^{-3}\, c_N\ ,\ \infty\,[$.

1. Fall für $g \neq \infty$: $D_{bel} \in \,]\,0\ ,\ 1.4 \cdot 10^{-3}\, c_N\,]$

Für diesen Fall ergeben sich zwei Möglichkeiten.

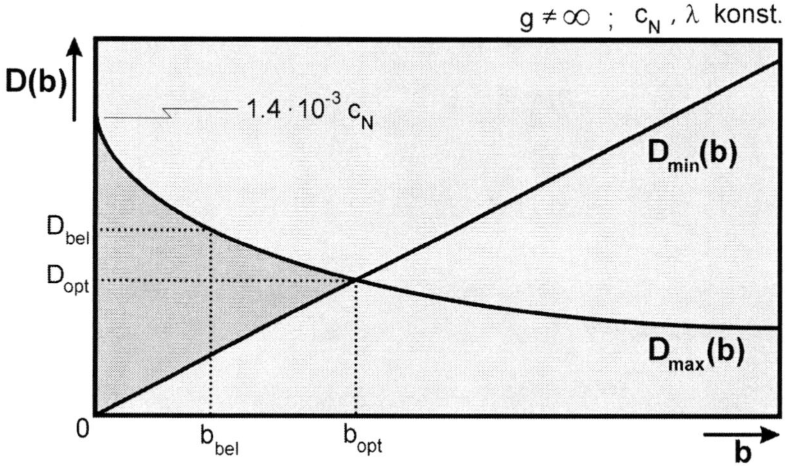

Abb. 3-13 *Beliebiger Öffnungsdurchmesser D_{bel} für $g \neq \infty$*

a) $D_{bel} \in \,]\, 0 \,,\, D_{opt} \,]$

Mit Gleichung (3-9) folgt für die Kameralänge b_{bel}

$$g \neq \infty \qquad b_{bel} = 5.74 \cdot 10^{-4} \, \frac{D_{bel} \, c_N}{\lambda} \tag{3-34}$$

Die Auflösungsbedingung d wird erfüllt, d.h. man erhält eine optimierte Abbildung.

b) $D_{bel} \in \,]\, D_{opt} \,,\, 1.4 \cdot 10^{-3} \, c_N \,]$

Mit Gleichung (3-3) folgt für die Kameralänge b_{bel}

$$g \neq \infty \qquad b_{bel} = g \left(\frac{1.4 \cdot 10^{-3} c_N}{D_{bel}} - 1 \right) \tag{3-35}$$

Die Auflösungsbedingung d wird erfüllt, d.h. man erhält ebenfalls eine optimierte Abbildung.

In den Fällen a) und b) ist die Auflösungsbedingung erfüllbar, d.h. man erhält stets eine optimierte Abbildung. Für Kameralängen b mit $0 < b < b_{opt}$ wird ebenfalls die Auflösungsbedingung erfüllt.

2. Fall für g ≠ ∞ : $D_{bel} \in \,]\, 1.4 \cdot 10^{-3}\, c_N \,,\, \infty \,[$

In diesem Fall wird die Auflösungsbedingung d immer verletzt, d.h. eine optimale Abbildungsqualität unter den gegebenen Randbedingungen ist nicht zu erreichen. Der Punktabbildungsdurchmesser wird immer größer als d sein. Je länger die Kamera ist, desto schlechter wird die Abbildungsqualität. Dies sieht man an den Gleichungen für die Punktabbildungsdurchmesser (3-1) und (3-7), die beide linear von b abhängig sind.

Für die Näherung $g = \infty$ (Abb. 3-14) ist der maximale Öffnungsdurchmesser D_{max} konstant und entspricht dem Wert für den optimalen Durchmesser $D_{opt} = 1.4 \cdot 10^{-3}\, c_N$ (Gleichung (3-15)). Wieder muß man die beiden Fälle $D_{bel} \in \,]\, 0 \,,\, 1.4 \cdot 10^{-3}\, c_N \,]$ und $D_{bel} \in \,]\, 1.4 \cdot 10^{-3}\, c_N \,,\, \infty \,[$ unterscheiden.

1. Fall für g = ∞ : $D_{bel} \in \,]\, 0 \,,\, 1.4 \cdot 10^{-3}\, c_N \,]$

Auch hier folgt aus Gleichung (3-9) für die Kameralänge b_{bel}

$g = \infty$

$$b_{bel} = 5.74 \cdot 10^{-4} \frac{D_{bel}\, c_N}{\lambda} \qquad (3\text{-}36)$$

Die Auflösungsbedingung d wird erfüllt und man erhält eine optimierte Abbildungsqualität.

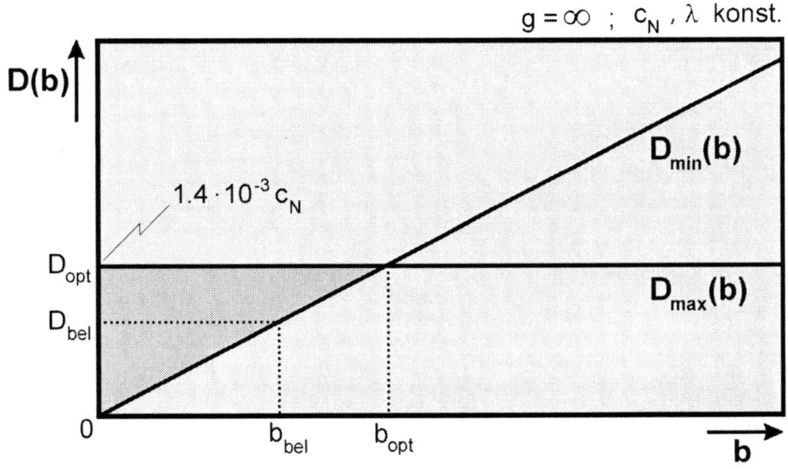

Abb. 3-14 *Beliebiger Öffnungsdurchmesser D_{bel} für g = ∞*

2. Fall für g = ∞ : $D_{bel} \in \,]\, 1.4 \cdot 10^{-3}\, c_N \,,\, \infty\, [$

Da die Auflösungsbedingung d nicht erfüllt werden kann, ist die Abbildung nicht optimal. In diesem Fall sinkt die Abbildungsqualität mit länger werdender Kamera.

Ein Zahlenbeispiel soll den 1. Fall für g = ∞ verdeutlichen. Es sei c_N = 162.6 mm. Nach Gleichung (3-21) gilt für b_{opt}

$$b_{opt} = 8 \cdot 10^{-7}\, \frac{c_N^2}{\lambda} = 38.456\,\text{mm}$$

und für D_{opt} folgt nach Gleichung (3-22)

$$D_{opt} = 1.4 \cdot 10^{-3}\, c_N = 0.228\,\text{mm} \quad .$$

Der benutzte Öffnungsdurchmesser der Blende sei aber technisch bedingt nur D_{bel} = 0.2 mm. Damit folgt aus Gleichung (3-36) für die Kameralänge b_{bel}

$$b_{bel} = 5.74 \cdot 10^{-4} \frac{D_{bel}\, c_N}{\lambda} = 33.939\,\text{mm} \quad .$$

Der Punktabbildungsdurchmesser ist nach Gleichung (3-7)

$$d_A = 2.44 \frac{\lambda\, b_{bel}}{D_{bel}} = 0.228\,\text{mm} \quad .$$

Dieser Wert entspricht dem der Auflösungsbedingung, d.h. d = 1.4 $\cdot 10^{-3}$ c_N = 0.228 mm. Die Abbildungsqualität ist unter den gegebenen Randbedingungen optimal.

3.4.3 Negativformat

Wie die Zusammenfassung des Kapitels 3.3.1 zeigte, existiert für eine feste Negativdiagonale c_N genau ein 2-Tupel (b_{opt}, D_{opt}), welches die Auflösungsbedingung d erfüllt und optimierte Abbildungsergebnisse liefert. Sobald die Kameralänge größer als b_{opt} oder der Öffnungsdurchmesser ungleich D_{opt} ist, kommt es zwangsläufig zu einer Verschlechterung der Abbildungsqualität.

Die Hersteller von Filmmaterial produzieren nur eine begrenzte Anzahl unterschiedlicher Negativformate. Könnte man das Negativformat bzw. die Negativdiagonale c_N frei wählen, dann hätte man für die Konstruktion einer Lochkamera unendlich viele 2-Tupel (b_{opt}, D_{opt}) zur Verfügung, die der Auflösungsbedingung d entsprächen. Damit wäre man bei der Wahl der Kameralänge bzw. des Öffnungsdurchmessers, die natürlich voneinander abhängig bleiben, frei. Folgendes Beispiel verdeutlicht diesen Sachverhalt.

Für $g = \infty$ und c_N = 150 mm erhält man aus den Gleichungen (3-21) und (3-22) das 2-Tupel

$$(b_{opt}, D_{opt}) = (32.73 \text{ mm}, 0.21 \text{ mm}) \ .$$

Hat man allerdings aus technischen Gründen nur eine Blende mit dem Öffnungsdurchmesser D = 0.15 mm zur Verfügung, so liefert Gleichung (3-22) für die Negativdiagonale

$$c_N = \frac{D}{1.4 \cdot 10^{-3}} = 107.14 \text{ mm}$$

und Gleichung (3-21) für die optimale Kameralänge

$$b_{opt} = 8 \cdot 10^{-7} \frac{c_N^2}{\lambda} = 16.7 \text{ mm} \qquad .$$

Für c_N = 107.14 mm ergibt sich nun das optimale 2-Tupel zu (b_{opt}, D_{opt}) = (16.7 mm, 0.15 mm). Diese Größen erfüllen die Auflösungsbedingung d, so daß ein scharfes Bild möglich wird. Allerdings ist das Negativformat mit der berechneten Diagonalen nicht verfügbar. Es sei in diesem Zusammenhang noch einmal an das Beispiel am Ende des Kapitels 2.3 erinnert. Aus diesem wird klar, daß der Austausch eines Negativs durch das eines größeren Formats immer zu einer Verbesserung der Abbildungsqualität führt. Dies rührt daher, daß große Formate immer geringere optische Anforderungen an die Lochkamera stellen als kleine

Formate. Bezüglich eines großen Formats wäre eine für ein kleineres Negativformat optimierte Kamera "überdimensioniert". Im obigen Beispiel bedeutet das konsequenterweise die Anwendung des Negativformats (6 x 9) cm^2 , d.h. also c_N = 108.2 mm. Die optimierte Kamera besitzt also letztendlich folgende Konfiguration :

$$(b_{opt}, D_{opt}) = (16.7\text{ mm}, 0.15\text{ mm}) \quad \text{für } c_N = 108.2\text{ mm}$$

Ein zweites Beispiel stellt den umgekehrten Fall dar, bei dem die Kameralänge vorgegeben ist. Es soll eine Kamera für g = ∞ mit b = 200 mm hergestellt werden. Für die Negativdiagonale folgt nach Gleichung (3-21)

$$c_N = \sqrt{\frac{\lambda\, b}{8 \cdot 10^{-7}}} = 370.8\,\text{mm}$$

und nach Gleichung (3-22) ergibt sich für den optimalen Öffnungsdurchmesser

$$D_{opt} = 1.4 \cdot 10^{-3}\, c_N = 0.519\,\text{mm} \quad .$$

Die Kamera der Form

$$(b_{opt}, D_{opt}) = (200\text{ mm}, 0.519\text{ mm}) \quad \text{für } c_N = 370.8\text{ mm}$$

erfüllt die Auflösungsbedingung d und liefert scharfe Bilder, d.h. $d = 1.4 \cdot 10^{-3}\, c_N = 0.519$ mm. Dieser Wert entspricht dem Abbildungsdurchmesser eines unendlich entfernten Objektpunktes. Ein Negativformat mit c_N = 370.8 mm ist nicht erhältlich, so daß das nächst kleinere, gängige (8 x 10) $inch^2$ - Format benutzt werden muß. Für dieses gilt c_N = 325.3 mm. Auf diesem Negativ besitzt die Punktabbil dung natürlich auch einen Abbildungsdurchmesser von d = 0.519 mm. Soll aber der Objektpunkt auf einer Vergrößerung im Abstand g_{ty} als Punkt erscheinen, so müßte dieser Wert nach der Auflösungsbedingung allerdings 0.455 mm betragen. Der Durchmesser der Punktabbildung ist in diesem Fall um den Faktor 0.519 / 0.455 = 1.97 größer als der geforderte, was eine signifikante Verschlechterung der Abbildungsqualität zur Folge hat.

Zusammenfassend erhält man :

> Wird in einer optimierten Lochkamera das Negativ mit der Diagonalen c_N durch ein Negativ der Diagonalen c ersetzt, so ändert sich die Auflösungsbedingung d um den Faktor $K = c_N / c$. Für $K < 1$ verbessert sich, für $K > 1$ verschlechtert sich die Bildqualität.

3.5 Tiefenschärfe

Zunächst werden einige Zusammenhänge zur Tiefenschärfe bzgl. einer Linsenkamera erläutert. Mit einer Linsenkamera werden Punkte einer Ebene im Objektraum mit Punkten einer Ebene im Bildraum (Negativebene) verknüpft, d.h. es wird genau eine Ebene des Objektraums auf die Negativenene scharf abgebildet. Die beiden Ebenen heißen zueinander konjugiert. In Anbetracht dieses Sachverhalts ist eine Abbildung, die einen großen Gegenstandsweitenbereich scharf darstellt, unmöglich. Die Erfahrung lehrt aber, daß weite Bereiche des Objektraums auf vielen Bildern scharf erscheinen. Für diesen Eindruck ist das begrenzte Auflösungsvermögen unserer Augen verantwortlich. Unschärfen werden dann nicht wahrgenommen, wenn die Abbildung von Objektpunkten, die außerhalb der konjugierten Objektraumebene liegen, innerhalb des physiologischen Grenzwinkels erscheinen (siehe Kapitel 2). Der Tiefenschärfebereich ist der Bereich annehmbarer Bildschärfe vor und hinter der scharf abgebildeten Objektraumebene. Dieser Bereich vergrößert sich mit wachsender Gegenstandweite und mit Verkleinerung sowohl der Blendenöffnung als auch der Brennweite [2]. Der Tiefenschärfebereich wird durch den **Nah-** bzw. **Fernpunkt** begrenzt. Jenseits dieser Punkte erscheint das Bild unscharf. In diesem Zusammenhang sei erwähnt, daß die konjugierten Ebenen nicht parallel zueinander stehen, wenn die Objektiv- und Negativebene nicht parallel positioniert sind. Durch sogenannte Schwenkungen und Drehungen der Objektiv- bzw. Negativstandarten, die durch Laufbodenkameras oder optische Bänke ermöglicht werden, läßt sich dieser bildgestalterisch nützliche Effekt erzielen.

Bei einer Lochkamera gibt es im Sinne einer punktzentrischen Abbildung keine konjugierten Ebenen, da Punkte im Objektraum für g > 0 immer als Flächen abgebildet werden. Nach den hier geltenden Randbedingungen werden Punktabbildungen dann als Punkte identifiziert, wenn die Auflösungsbedingung d erfüllt ist. Wird eine Lochkamera nach den Gleichungen (3-19) - (3-22) konstruiert, so kann man die Objektraumebene im Abstand g zur Blendenebene als die zur Negativebene konjugierte Ebene ansehen. Die Objektpunkte in dieser Ebene werden scharf abgebildet, d.h. die Punktabbildungen werden als Punkte identifiziert ($d = 1.4 \cdot 10^{-3}\ c_N$). Für Punkte im Abstand $g^* > g$ gilt trivialerweise $d^* < d$, d.h. diese Punkte werden immer als Punkte erkannt. Damit ist der Begriff des bei einer Linsenkamera relevanten Fernpunktes bei einer Lochkamera ohne Bedeutung. Interessant sind lediglich die Bedingungen für den

Nahpunkt g_{Nah} (Abb. 3-15). Da für $g^* < g$ stets $d^* > d$ gilt, also die Auflösungsbedingung d verletzt wird, sollte man im mathematischen Sinne $g = g_{Nah}$ folgern. Weicht jedoch d^* nur minimal von d ab, so ist anzunehmen, daß die Abbildung einer Ebene im Abstand g^* auch als scharf wahrgenommen wird. Unterhalb einer bestimmten Grenzentfernung g_{Nah} wird dies aber nicht mehr der Fall sein. Durch die Untersuchung des Punktabbildungsdurchmessers als Funktion der Gegenstandsweite wird das Phänomen der Tiefenschärfe quantitativ behandelt.

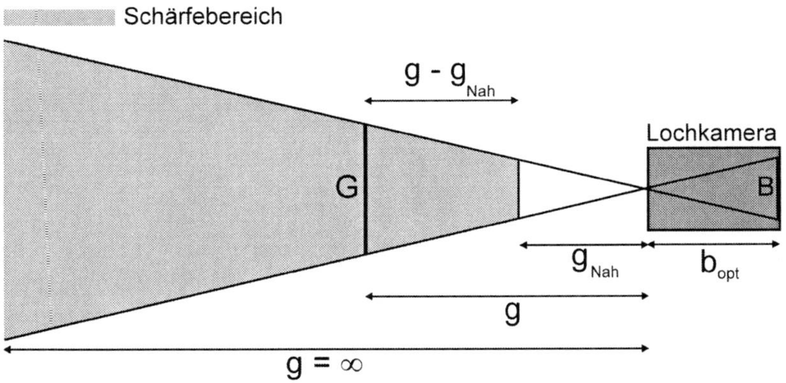

***Abb. 3-15** Schärfebereich bei einer Lochkamera*

Die Überlegungen des Kapitels 3.3 zeigen, daß der geometrische und wellenoptische Punktabbildungsdurchmesser bei einer optimierten Lochkamera identisch sind. Um das Verhalten des Punktabbildungsdurchmessers für unterschiedliche Gegenstandsweiten g zu untersuchen, kann man daher die Gleichung (3-1) heranziehen. Der Abbildungsdurchmesser als Funktion von g lautet demnach :

$$d(g) = \left(1 + \frac{b}{g}\right) D$$

Unter der Annahme, daß eine Vergrößerung des Punktabbildungsdurchmessers d um 1% keine signifikante Abbildungsverschlechterung hervorruft, soll diese Abweichung den Nahpunkt g_{Nah} festlegen. Man erhält dann aus Gleichung (3-1) :

$$d(g = g_{Nah}) = \left(1 + \frac{b_{opt}}{g_{Nah}}\right) D_{opt} = 1.414 \cdot 10^{-3}\, c_N$$

Auflösung nach g_{Nah} liefert mit Gleichung (3-20)

$$\begin{aligned} g_{Nah} &= \frac{b_{opt}\, D_{opt}}{1.414 \cdot 10^{-3}\, c_N - D_{opt}} \\ &= \frac{b_{opt}}{\dfrac{1.414 \cdot 10^{-3}\, c_N\, (1 + b_{opt}/g)}{1.4 \cdot 10^{-3}\, c_N} - 1} \\ &= \frac{b_{opt}}{1.01 + 1.01 b_{opt}/g - 1} \end{aligned}$$

und es ergibt sich :

$$\boxed{g_{Nah} = \frac{1}{1.01/g + 0.01/b_{opt}}} \qquad (3\text{-}37)$$

Man sieht, daß sich bei einer Lochkamera der Abstand zwischen Kamera und Nahpunkt mit wachsender Gegenstandsweite vergrößert. Dies bedeutet keine Verkleinerung des Schärfebereichs $g - g_{Nah}$. Bildet man nämlich die Differenz $g - g_{Nah}$

$$g - g_{Nah} = \frac{0.01}{1.01/g + 0.01/b_{opt}} + \frac{0.01}{1.01 b_{opt}/g^2 + 0.01/g}$$

und betrachtet diese Differenz für große Gegenstandsweiten g, d.h. $g^2 \gg g$, so gilt :

$$g - g_{Nah} \approx b_{opt} + g$$

Der Schärfebereich $g - g_{Nah}$ wächst also mit größer werdender Gegenstandsweite g.

Dieser Zusammenhang zwischen der Gegenstandsweite und dem Schärfebereich zeigt sich, wie oben erwähnt, auch bei der Linsenkamera. Da der Blendenöffnungsdurchmesser und die Kameralänge bei der Lochkamera mit g festgelegt werden, läßt sich für diese Größen keine Entsprechung zur Linsenkamera herstellen.

Nach Gleichung (3-37) ergibt sich eine für $g = \infty$ optimierte Lochkamera der einfache Zusammenhang :

$$\boxed{g_{Nah} = 100\, b_{opt}} \qquad (3\text{-}38)$$

Der Tiefenschärfebereich für diese Kamera liegt also zwischen $g = 100\, b_{opt}$ und $g = \infty$, wenn man davon ausgeht, daß eine Vergrößerung des Punktabbildungsdurchmessers um 1% die Abbildungsqualität nicht signifikant verschlechtert.

Die Tabelle 3-3 zeigt die Nahpunkte nach den Gleichungen (3-37) bzw. (3-38) für die gebräuchlichsten Negativformate und den Werten der Tabelle 3-1.

	g			
	10 m	100 m	1000 m	∞
$c_{N,1}$	0,27	0,27	0,27	0,27
$c_{N,2}$	0,95	1,04	1,05	1,05
$c_{N,3}$	1,45	1,67	1,70	1,70
$c_{N,4}$	2,45	3,17	3,26	3,27
$c_{N,5}$	2,76	3,70	3,83	3,85
$c_{N,6}$	4,07	6,48	6,90	6,94
$c_{N,7}$	5,99	13,30	15,15	15,39

Tabelle 3-3 *Nahpunkte g_{Nah} (in m)*
(Negativformate siehe S. 138)

3.6 Lichtstärke und Belichtungszeit

Unter der Lichtstärke oder auch dem Öffnungsverhältnis eines Objektivs versteht man das Verhältnis des maximalen Öffnungsdurchmessers zur Brennweite. Liest man z.B. auf der Objektivfassung "50 mm 1 : 1.4", so handelt es sich um ein Objektiv mit einer **Lichtstärke** L von 1 : 1.4 und einer Brennweite f von 50 mm. Der Kehrwert der Lichtstärke wird als **Blende** oder **Blendenzahl** bezeichnet. Die maximale Blende des Objektivs aus obigem Beispiel beträgt daher 1.4. Man bezeichnet die Blende auch mit f / Blendenzahl (f / #), so daß als Kennzeichnung des Objektivs auch "50 mm f / 1.4" gebräuchlich ist. Die Lichtstärke als Kehrwert der Blendenzahl, z.B. L = 1 / 1.4 = 0.714, schreibt man üblicherweise in der Form 1 : 1.4.

	$L = D_{opt} / b_{opt}$	f / #
$c_{N,1}$	0,0222	45,1
$c_{N,2}$	0,0113	88,5
$c_{N,3}$	0,0093	106,7
$c_{N,4}$	0,0064	156,3
$c_{N,5}$	0,0059	169,4
$c_{N,6}$	0,0044	227,7
$c_{N,7}$	0,0029	342,5

Tabelle 3-4 *Lichtstärke L und Blendenzahl f / # nach den Werten der Tabelle 3-2 (Negativformate siehe S. 138)*

Der Lochkamera wird ebenfalls eine Lichtstärke bzw. Blendenzahl zugeordnet, wobei die Objektivbrennweite der Kameralänge entspricht. Die Lichtstärke einer Lochkamera ist aufgrund der typisch kleinen Öffnungsdurchmesser erheblich kleiner als die gebräuchlicher Objektive. Dies führt zu relativ langen Belichtungszeiten. Beispielsweise besitzt die optimierte Lochkamera des Negativformats (8 x 10) $inch^2$ eine Lichtstärke von 0.0029 bzw. 1 : 342.5 und eine Blendenzahl von 342.5 oder f / 342.5 (Tabelle 3-4). Derartig große Blendenzahlen werden von gebräuchlichen Belichtungsmessern nicht erfaßt, so daß die Bestimmung der korrekten Belichtungszeit ohne entsprechende Umrechnung nicht möglich ist. Auf dieses Problem wird im folgenden näher eingegangen.

Derjenige Anteil des von einer Lichtquelle emittierten Lichtstroms (Energie pro Zeit in Lumen (lm)), welcher durch die Blendenöffnung in das Innere der Lochkamera gelangt, verteilt sich gleichmäßig über die Negativebene (Abb. 3-16). Die Bestrahlungsstärke E (in lux), d.h. die Strahlungsenergie pro Einheitsfläche und pro Zeiteinheit, ist daher umgekehrt proportional zur Negativfläche F.

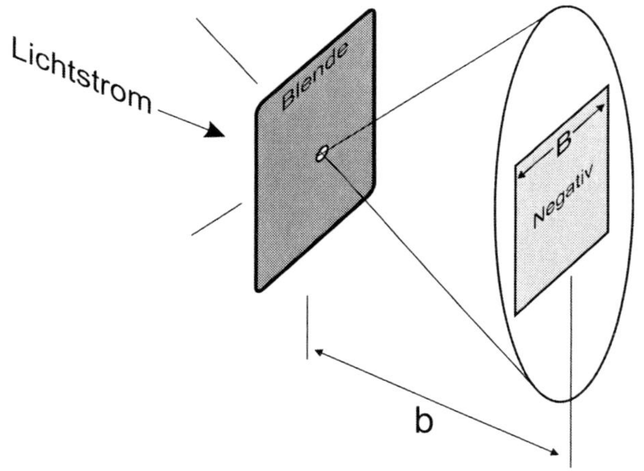

Abb. 3-16 *Bestrahlung eines Negativs der Kantenlänge B*

Die Negativfläche ändert sich mit dem Quadrat ihrer Seitenlänge B, die wiederum proportional zur Bildweite b ist (Abb. 3-17). Nach dem Strahlensatz gilt für den Zusammenhang zwischen Gegenstandsgröße G, Gegenstandsweite g, Kameralänge b und Negativbreite B :

$$\frac{B/2}{b} = \frac{G/2}{g}$$

→ $$B = \frac{G}{g} b = K_1 b$$ K_1 konstant

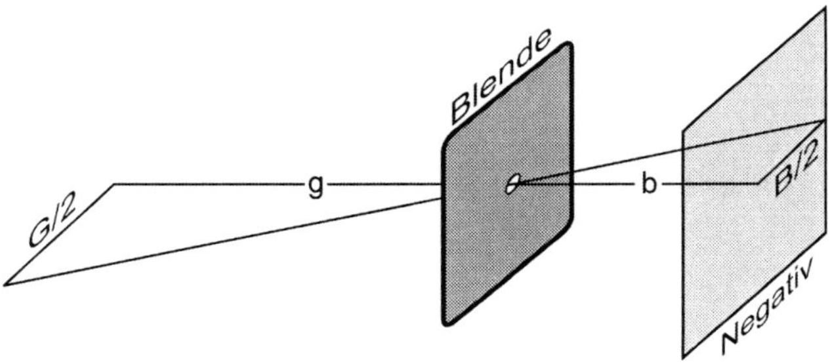

Abb. 3-17 *Zusammenhang zwischen Negativbreite B und Kameralänge b*

Die Fläche F einer kreisförmigen Blendenöffnung variiert mit dem Quadrat des Duchmessers D, so daß nach den bisherigen Zusammenhängen für die Bestrahlungsstärke E gilt :

$$E \sim \frac{1}{F} \sim \frac{1}{B^2} \sim \frac{1}{b^2} \sim D^2$$

→ $$E \sim \left(\frac{D}{b}\right)^2 \qquad (3\text{-}39)$$

Der Quotient aus dem Öffnungsdurchmesser D und der Kameralänge b beschreibt die Lichtstärke L der Kamera. Der Kehrwert von L steht für die Blende oder Blendenzahl 1 / L = b / D.

Die Belichtung eines Negativs wird durch die Bestrahlungsstärke E und die Einwirkungsdauer bzw. Belichtungszeit t bestimmt. Das Produkt aus E und t nennt man **Belichtung** H (in lux · s) :

$$\begin{aligned} H &= E \cdot t \\ &= K_2 \left(\frac{D}{b} \right)^2 t \qquad K_2 \text{ konstant} \\ &= K_2 \, L^2 \, t \end{aligned}$$

Lochkameras besitzen sehr große Blendenzahlen, die von konventionellen Belichtungsmessern nicht mehr angezeigt werden. Um die korrekte Belichtungszeit zu bestimmen, geht man folgendermaßen vor :

Das **Reziprozitätsgesetz** E · t = konstant stellt die Grundlage für das Verfahren zur Bestimmung der korrekten Belichtungszeit dar. Das Gesetz besagt, daß zur Erzielung einer bestimmten Schwärzung einer Emulsion bei festgelegter Negativverarbeitung nur die Belichtung H = E · t, ohne Rücksicht auf die Einzelfaktoren E und t, maßgebend ist. Man bestimmt daher mit einem handelsüblichen Belichtungsmesser wie gewohnt eine Zeit-Blenden-Kombination, t_{BM} und 1 / L_{BM}, so daß für die Belichtung gilt :

$$H_{BM} = E_{BM} \, t_{BM} = K_2 \, L_{BM}^2 \, t_{BM}$$

Für die Belichtung hinsichtlich der Lochkamera folgt :

$$H_{LK} = E_{LK} \, t_{LK} = K_2 \, L_{LK}^2 \, t_{LK}$$

Das Reziprozitätsgesetz besagt nun :

$$E_{BM} \, t_{BM} = E_{LK} \, t_{LK}$$

$$\Leftrightarrow \qquad K_2\, L_{BM}^2\, t_{BM} = K_2\, L_{LK}^2\, t_{LK}$$

Es gilt daher für die Lochkamera-Belichtungszeit :

$$t_{LK} = \left(\frac{L_{BM}}{L_{LK}} \right)^2 t_{BM} \qquad (3\text{-}40)$$

Ein Beispiel soll diese Zusammenhänge verdeutlichen.

Die Belichtung eines Motivs ergibt die Belichtungszeit t_{BM} = 1 / 60 s bei Blende 5.6 bzw. Lichtstärke L_{BM} = 1 / 5.6, d.h.

$$H_{BM} = K_2 \left(\frac{1}{5.6} \right)^2 \frac{1}{60}\, s \qquad .$$

Für eine Lochkamera mit der Blendenzahl von z.B. 342.5 (siehe Tabelle 3-4) ergibt sich als Belichtungszeit t_{LK} nach Gleichung (3-40) :

$$t_{LK} = \left(\frac{342.5}{5.6} \right)^2 \frac{1}{60}\, s$$
$$= 62.3\, s$$

Das Beispiel zeigt, daß man bei Lochkameras mit relativ langen Belichtungszeiten rechnen muß. Dies bedeutet neben zwingendem Gebrauch eines Stativs auch die Berücksichtigung des **Schwarzschild-Effekts**, der ab $t_{LK} \approx$ 1s relevant wird. Dieser Effekt besagt, daß eine mit sehr geringer Bestrahlungsstärke sehr lang belichtete Silberhalogenidschicht nach der Entwicklung eine geringere Schwärzung als eine mit normaler Bestrahlungsstärke und mittlerer

Zeit belichtete Schicht aufweist, obwohl die Belichtung in beiden Fällen die gleiche ist.

Die Filmempfindlichkeit ist über einen weiten Belichtungsbereich konstant, hier gilt das Reziprozitätsgesetz. Die Empfindlicheit nimmt aber für lange Belichtungszeiten ab. Die Abbildung 3-18 zeigt den typischen Verlauf von log E in Anhängigkeit von log t.

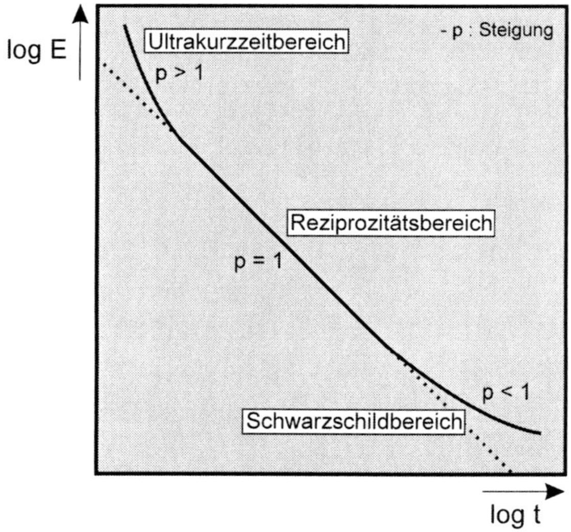

Abb. 3-18 *Verletzung des Reziprozitätsgesetzes*

Man sieht in der Abbildung 3-18 im mittleren Bereich eine unter 45° verlaufende Gerade, die dem Reziprozitätsbereich entspricht, d.h. es gilt log E = k - log t (k konstant). Die abknickenden Bereiche beschreiben den Ultrakurzzeit- und den Schwarzschildbereich. Damit sich positive Werte für die Steigung p ergeben, betrachtet man üblicherweise die Steigung der Funktion log E(- log t), d.h. es gilt

$$p = \frac{d(\log E)}{d(-\log t)}$$

Streng genommen ergibt sich im Ultrakurzzeit- und Schwarzschildbereich kein linerarer Zusammenhang. Dort kann aber sehr gut stückweise linear approximiert werden. Betrachtet man hinsichtlich des Steigungsverlaufs kleine Kurvenstücke, so gilt näherungsweise

$$p = \frac{d(\log E)}{d(-\log t)} \approx \frac{\Delta \log E}{-\Delta \log t}$$

Daraus folgt :

$$\log E_2 - \log E_1 = p(\log t_1 - \log t_2)$$

$$\Leftrightarrow \qquad \log \frac{E_2}{E_1} = \log \left(\frac{t_1}{t_2} \right)^p$$

$$\Leftrightarrow \qquad \boxed{E_2 \, t_2^p = E_1 \, t_1^p} \qquad (3\text{-}41)$$

Für den Exponenten p gilt :

Ultrakurzzeitbereich	$p > 1$
Reziprozitätsbereich	$p = 1$
Schwarzschildbereich	$p < 1$

Da die Kennlinie in den Grenzbereichen keine konstante Steigung besitzt, ist dort auch der Exponent p nicht konstant.

Der Schwarzschildexponent p kann anhand der Abbildung 3-19 ermittelt werden. Die Abbildung zeigt p als Funktion der mit einem Belichtungsmesser gemessenen und dann nach Gleichung (3-40) berechneten Belichtungszeit t_{LK}. Als Grundlage dienten die Datenblätter einiger Filmhersteller, so daß für die gebräuchlichsten Filmmaterialien mit den aus Abbildung 3-19 ermittelten Schwarzschildexponenten gute Ergebnisse erzielt werden können.

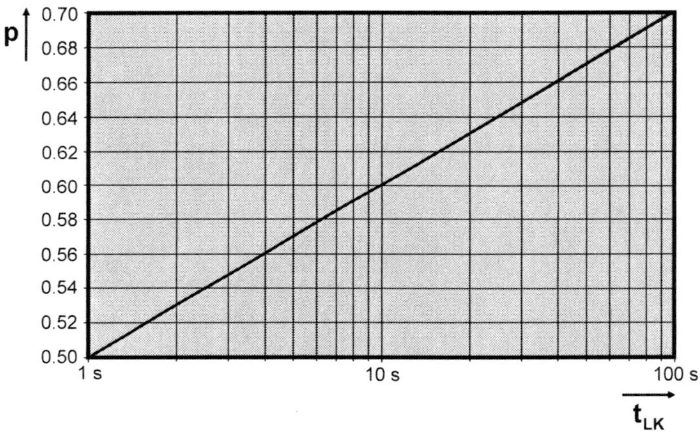

Abb. 3-19 *Schwarzschildexponent p als Funktion der unkorrigierten Belichtungszeit t_{LK}*

Zur Korrektur des obigen Ergebnisses (t_{LK} = 62.3 s) geht man folgendermaßen vor. Um eine Verknüpfung zwischen dem Reziprozitätsbereich und dem Schwarzschildbereich herzustellen, wählt man den Ansatz

$$E_{BM}\, t_{BM} = E_{LK}\, t_{LK}^{p}\, K \qquad (3\text{-}42)$$

$$\text{mit } K = 1 s^{1-p}$$

Mit $E = K_2\, L^2$ folgt für die Schwarzschild-korrigierte Belichtungszeit $t_{LK,S}$:

$$t_{LK,S} = \left(\frac{L_{BM}}{L_{LK}}\right)^{2/p} K^{-1/p}\, t_{BM}^{1/p} \qquad (3\text{-}43)$$

Für t_{LK} = 62.3 s folgt aus Abbildung 3-19 für p ein Wert von ca. 0.68. Damit erhält man letztendlich für die anzuwendende Belichtungszeit :

$$\begin{aligned} t_{LK,S} &= \left(\frac{L_{BM}}{L_{LK}}\right)^{2/0.68} t_{BM}^{1/0.68} \\ &= \left(\frac{342.5}{5.6}\right)^{2.94} \left(\frac{1}{60}\right)^{1.47} \text{s} \\ &= 436 \text{ s} \end{aligned}$$

Hinsichtlich der Negativemulsion ist noch zu beachten, daß sich bei Langzeitbelichtungen die Dichtedifferenz zwischen Lichtern und Schatten (Kontrastumfang) erhöht. Ein normal entwickeltes Negativ würde ohne Korrektur dieses Effekts zu kontrastreich ausfallen. Um den gewünschten Kontrastumfang zu erzielen, muß daher die Entwicklungszeit um ca. 25% (siehe Datenblätter des benutzten Negativmaterials) verkürzt werden. Hintergrundinformationen zum umfangreichen Thema der Negativentwicklung findet man z.B. in [5].

3.7 Natürliche Helligkeitsabnahme

Je kleiner die Kameralänge ist, desto größer wird der von der Kamera erfaßte Bildwinkel 2γ. Dieser Winkel wird bei kleinen Öffnungsdurchmessern von der Negativdiagonalen und der Kameralänge begrenzt. Aus Abbildung 3-20 folgt für den Winkel 2γ :

$$2\gamma = 2\arctan\left(\frac{c_N}{2b}\right)$$

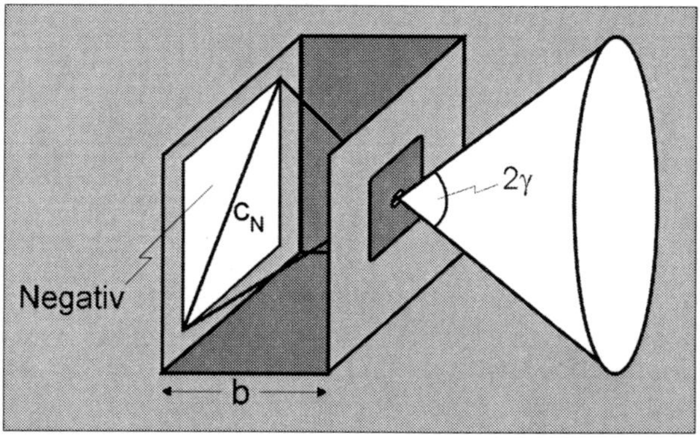

Abb. 3-20 *Erfaßter Bildwinkel 2γ*

Um die großen Bildwinkel zu verdeutlichen, wird in der Tabelle 3-5 dem Winkel 2γ die Objektivbrennweite f_{KB} gegenübergestellt, die bei einer Kleinbildkamera denselben Bildwinkel erfaßt. Die Brennweite f = 50 mm ist die Standardbrennweite für das Kleinbildformat. Eine Kleinbildkamera mit dem Negativformat (24 x 36) mm^2 und f = 50 mm erfaßt einen Bildwinkel, der in etwa dem des Auges entspricht. Die folgende Bestimmungsgleichung für f_{KB} wurde aus der Linsengleichung für dünne Linsen (1/f = 1/b + 1/g) im Gaußschen Bereich, d.h. für achsennahe Strahlen (Paraxialstrahlen), hergeleitet und lautet :

$$f_{KB} = \frac{c_{N,KB}}{2\tan\gamma} \qquad c_{N,KB} = 43.3 \text{ mm}$$

	2γ (°)	f_{KB} (mm)
$c_{N,1}$	165,6	2,7
$c_{N,2}$	152,3	5,4
$c_{N,3}$	145,1	6,8
$c_{N,4}$	132,9	9,4
$c_{N,5}$	129,4	10,2
$c_{N,6}$	115,2	13,7
$c_{N,7}$	93,4	20,4

Tabelle 3-5 *Erfaßter Bildwinkel 2γ und entsprechende Kleinbildbrennweite f_{KB} (c_N = 43.3 mm) (Negativformate siehe S. 138)*

Insbesondere bei großen Bildwinkeln macht sich eine Helligkeitsabnahme zum Bildrand hin deutlich bemerkbar. Diese sogenannte **natürliche Helligkeitsabnahme** beruht auf zwei Effekten.

Zum einen vergrößert sich die Entfernung eines Objektpunkts zur Blende, je weiter dieser sich auf der konjugierten Ebene von der optischen Achse entfernt (Abb. 3-21). Dabei ist der Abstand r um den Faktor $\cos^{-1}(\gamma)$ größer als der Abstand g bezüglich der optischen Achse.

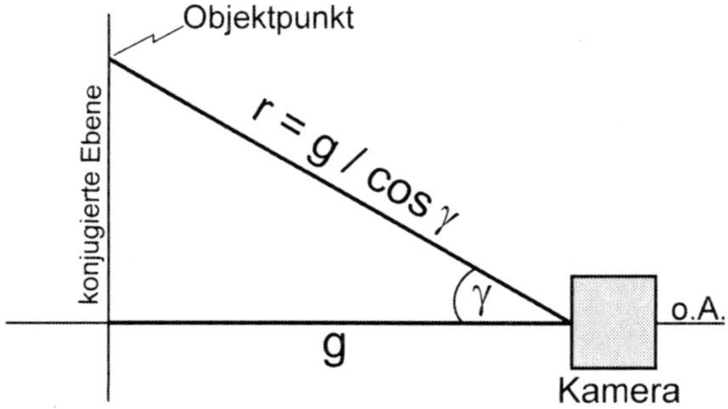

Abb. 3-21 *Entfernung r als Funktion von γ*
(o.A. : optische Achse)

Die Bestrahlungsstärke E (in W/m^2), d.h. der auf eine Flächeneinheit bezogene Strahlungsfluß (in W), ist umgekehrt proportional zu r^2. Dies folgt aus der Tatsache, daß die von einer divergenten Punktquelle in alle Richtungen abgestrahlte Leistung im Abstand r gleichförmig auf eine Kugelschale der Oberfläche $4\pi r^2$ verteilt ist. Die Leistung pro Fläche im Abstand r von der Quelle ist dann proportional zu $1/(4\pi r^2)$. Es folgt also :

$$E \sim \frac{1}{r^2} \sim \cos^2 \gamma$$

Zum zweiten ändert sich mit γ der wirksame Durchmesser der Blendenöffnung (Abb. 3-22).

Für einen Objektpunkt auf der optische Achse ist die Blendenöffnungsfläche $F = \pi D^2/4$. In Abhängigkeit des Winkels γ gilt für die wirksame Fläche $F_W = (\pi D^2 \cos^2\gamma)/4$. Für die Bestrahlungsstärke folgt somit :

$$E \sim F_W \sim \cos^2 \gamma$$

Beide Effekte bedeuten also für den auf das Negativ treffenden Strahlungsfluß E (Abb. 3-23)

$$\boxed{E \sim \cos^4 \gamma}\quad .$$

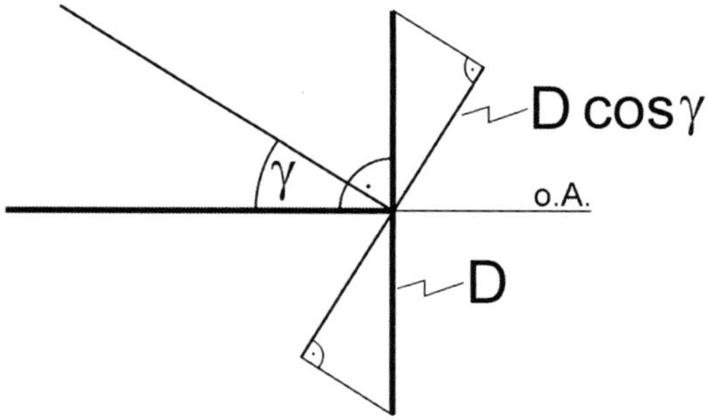

Abb. 3-22 *Wirksamer Öffnungsdurchmesser D cos γ (o.A. : optische Achse)*

Insbesondere im Bereich der Negativecken wird es also für große Bildwinkel zu einem deutlichen Abfall der Bestrahlungsstärke kommen. Dieser Effekt läßt sich bei Objektiven durch den Einsatz zerstreuender Meniskenlinsen und durch neutralgraue, konzentrische Verlauffilter (Centerfilter), deren Dichte von der Mitte bis zum transparenten Rand hin abnimmt, abschwächen. Bei Lochkameras kann man aufgrund der kleinen Blendenöffnung den Helligkeitsabfall durch einen Centerfilter nicht mindern.

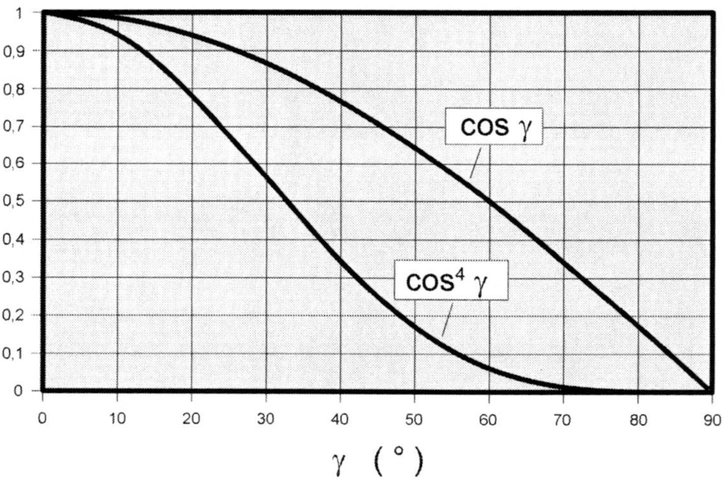

Abb. 3-23 *Natürlicher Helligkeitsabfall mit* $\cos^4 \gamma$

4 Quadratische Blendenöffnung

In Ergänzung zu den vorhergehenden Überlegungen wird im folgenden die Optimierung einer Lochkamera mit quadratischer Blendenöffnung besprochen. Dies ist sinnvoll, da sich quadratische Öffnungen sehr gut herstellen lassen und eine Vignettierung weitgehend vermieden werden kann (siehe Kapitel 5). Die theoretische Vorgehensweise gleicht der des Kapitels 3, so daß die Behandlung quadratischer Öffnungen weniger ausführlich dargestellt wird. Als Lochkameraparameter dienen jetzt die Kameralänge b und die Kantenlänge a der quadratischen Blendenöffnung.

4.1 Geometrische Optik

Die Abbildung 4-1 veranschaulicht die Objektpunktabbildung durch eine quadratische Blendenöffnung der Kantenlänge a. Das Bild habe die Diagonale δ und die Seitenlänge α, für die nach dem Strahlensatz gilt :

$$\alpha = \left(1 + \frac{b}{g}\right) a$$

Die charakteristische Größe der Punktabbildung sei die Diagonale $\delta = \sqrt{2}\,\alpha$:

$$\boxed{\delta = \sqrt{2}\left(1 + \frac{b}{g}\right) a} \qquad (4\text{-}1)$$

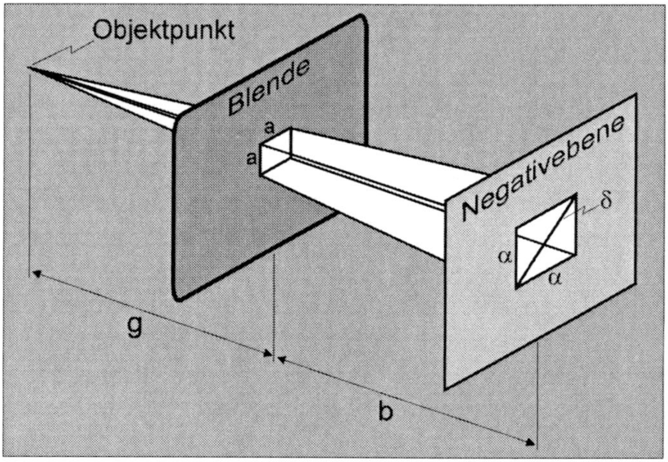

Abb. 4-1 *Abbildung eines Objektpunktes durch eine quadratische Blendenöffnung*

Von der optischen Achse aus erscheint die Blendenöffnung quadratisch (wahre Blendenöffnung). Für Orte, die von der optischen Achse nur in horizontaler bzw. vertikaler Richtung abweichen, nimmt die wirksame Blendenöffnung die Form eines Rechtecks an, für alle anderen Orte erscheint sie als Parallelogramm. Wie in Kapitel 3.1 gezeigt wurde, handelt es sich um eine Abbildung, die Winkel und Seitenverhältnisse invariant läßt, so daß die Form einer Punktabbildung, unabhängig vom Ort des Punktes im Objektraum, immer quadratisch und bei konstanter Gegenstandsweite g von gleichem Flächeninhalt ist. Streng genommen gelten diese Überlegungen nur für unendlich dünne Blenden. Wie in Kapitel 5 gezeigt wird, approximiert die Näherung der unendlich dünnen Blenden insbesondere bei quadratischen Blendenöffnungen konstruktionsbedingt sehr gut.

Damit die Punktabbildung auf einer Vergrößerung, die im Abstand g_{ty} betrachtet wird, als Punkt erscheint, muß $\delta \leq 1.4 \cdot 10^{-3}\ c_N$ sein (siehe Kapitel 2.3), d.h. für den Maximalwert gilt :

$$\delta_{max} = 1.4 \cdot 10^{-3}\ c_N$$

Die maximale Kantenlänge hat also mit Gleichung (4-1) die Form :

$$a_{max}(b) = 9.9 \cdot 10^{-4} \frac{c_N}{1 + b/g} \qquad (4\text{-}2)$$

Damit ergibt sich der Wertebereich

$$a_{max}(b) \in]\,0\ ,\ 9.9 \cdot 10^{-4}\ c_N\,]$$

und der Definitionsbereich

$$b \in]\,0\ ,\ \infty\,[\quad .$$

Ein Objektpunkt erscheint auf einer Vergrößerung unter Einhaltung der typischen Betrachtungsweite als Punkt, wenn die Kantenlänge der quadratischen Blendenöffnung den Wert $a_{max}(b)$ nicht überschreitet.

Für $g \gg b$ ergibt sich beispielsweise für das Kleinbildformat mit c_N = 43.3 mm und λ = 550 nm ein Wert für a_{max} von 0.043 mm. Wie im Fall einer Kreisblende, bei der dieses Zahlenbeispiel D_{max} = 0.06 mm ergab, gilt auch hier $a_{max} \gg \lambda$ nicht. Es sind also auch bei einer quadratischen Blendenöffnung wellenoptische Überlegungen angebracht.

4.2 Wellenoptik

Das Beugungsmuster bei quadratischen Blendenöffnungen besitzt im Zentrum ein Maximum in Form eines Quadrats, von dessen vier Seiten strahlenförmig Nebenmaxima abgehen (Abb. 4-2).

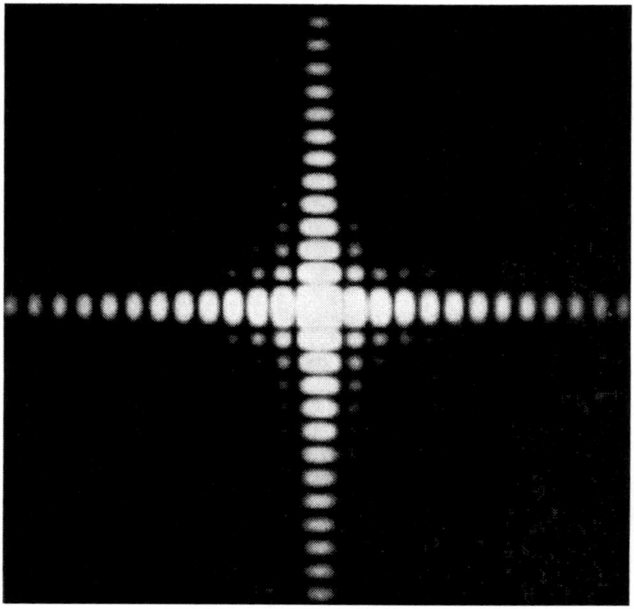

Abb. 4-2 *Typisches Beugungsmuster bei quadratischer Blendenöffnung [2]*

Für die Intensitätsverteilung I(y,z) gilt nach [2] :

$$I(y,z) = I(0)\left(\frac{\sin(\pi a y/\lambda R)}{\pi a y/\lambda R}\right)^2 \left(\frac{\sin(\pi a z/\lambda R)}{\pi a z/\lambda R}\right)^2 \qquad (4\text{-}3)$$

Hierbei bezeichnet I(0) die Strahlungsdichte in P_0, d.h. es gilt $I(0) = I(0,0)$ und $R = (b^2 + q^2)^{1/2} = (b^2 + y^2 + z^2)^{1/2}$ (Abb. 4-3).

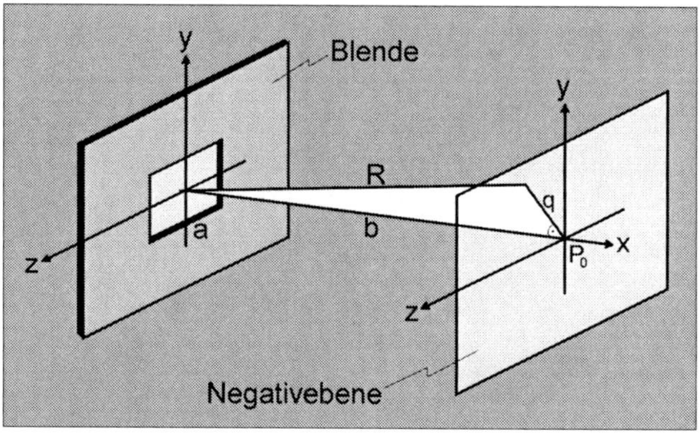

Abb. 4-3 *Veranschaulichung der Gleichung (4-3)*

Für die Intensitätsverteilung entlang der z-Achse ergibt sich :

$$I(0,z) = I(0)\left(\frac{\sin(\pi a z/\lambda\sqrt{b^2+z^2})}{\pi a z/\lambda\sqrt{b^2+z^2}}\right)^2 \qquad (4\text{-}4)$$

Da stets $I(0,z) \geq 0$ gilt, ergeben sich die Beugungsminima als die Nullstellen von I(0,z). Aus

$$\lim_{x\to 0}\frac{\sin x}{x} = \lim_{x\to 0}\frac{\cos x}{1} = 1$$

und

$$\sin x = 0$$

$$\Leftrightarrow \qquad x = k\,\pi \qquad (k \in \mathbb{Z})$$

ergibt sich die erste positive Nullstelle von I(0,z) und damit das erste Beugungsminimum aus

$$\frac{\pi\, a\, z_0}{\lambda \sqrt{b^2 + z_0^2}} = \pi \qquad ,$$

d.h.

$$z_0 = \frac{\lambda\, b}{\sqrt{a^2 - \lambda^2}} \qquad .$$

Analog ergibt sich das erste Beugungsminimum für I(y,0) durch

$$y_0 = \frac{\lambda\, b}{\sqrt{a^2 - \lambda^2}} \qquad .$$

Betrachtet man das erste Beugungsminimum als äußere Begrenzung des zentralen Beugungsmaximums, so folgt für dessen Seitenlänge l

$$l = 2y_0 = 2z_0 = 2\frac{\lambda\, b}{\sqrt{a^2 - \lambda^2}}$$

und für die Diagonale $\delta_A = (2l^2)^{1/2}$

$$\boxed{\delta_A = 2.83\frac{\lambda\, b}{\sqrt{a^2 - \lambda^2}}} \qquad . \qquad (4\text{-}5)$$

Die Größe δ_A charakterisiert die Fläche des zentralen Beugungsmaximums. Sie entspricht der Größe d_A bei einer Kreisblende, d.h. dem Durchmesser der Airy-Scheibe (siehe Gleichung (3-7)). Eine Punktabbildung mittels einer

Lochkamera der Länge b und quadratischer Blendenöffnung der Kantenlänge a zeigt sich als quadratische Fläche der Diagonalen δ_A. Das zentrale Beugungsquadrat wird auf einer Vergrößerung unter Einhaltung des typischen Betrachtungsabstandes g_{ty} dann als Punkt wahrgenommen, wenn $\delta_A \leq 1.4 \cdot 10^{-3}\, c_N$ ist. Der Maximalwert für die Diagonale der Zentralmaximums lautet daher :

$$\delta_{A,max} = 1.4 \cdot 10^{-3}\, c_N$$

Mit Gleichung (4-5) folgt für die minimale Kantenlänge $a_{min}(b)$ der Blendenöffnung :

$$a_{min}(b) = \lambda \sqrt{\left(2021 \frac{b}{c_N}\right)^2 + 1} \qquad (4\text{-}6)$$

Damit ergibt sich der Wertebereich

$$a_{min}(b) \in [\, \lambda\, , \infty\, [$$

und der Definitionsbereich

$$b \in \,]\, 0\, , \infty\, [\quad .$$

Die Gleichung (4-6) liefert beispielsweise mit c_N = 43.3 mm, b = 50 mm und λ = 550 nm für a_{min} einen Wert von 1.28 mm. Auch hier folgt aus der Wellenoptik wie im Fall der Kreisblende, bei der sich ein Wert von D_{min} = 1.1 mm ergab, eine Öffnung, für die $a_{min} \gg \lambda$ gilt. Es entsteht keine punktförmige, sondern eine flächige, quadratische Punktabbildung, wobei das zentrale Beugungsmaximum die geforderte Diagonale

$$\delta_A = 2.83 \frac{\lambda\, b}{\sqrt{a^2 - \lambda^2}} = 0.061\,\text{mm} = 1.4 \cdot 10^{-3}\, c_N = \delta_{A,max}$$

besitzt. Allerdings befinden sich die Nebenmaxima so dicht am Zentralmaximum, daß der Eindruck eines einheitlichen, flächigen Gebildes entsteht.

Es stellt sich jetzt die Frage, welche Blendenöffnungsform - kreisförmig oder quadratisch - am zweckmäßigsten ist. Betrachtet man nur optische Überlegungen, so ist eine kreisförmige Öffnung einer quadratischen vorzuziehen. Der Intensitätsverlauf fällt bei einer kreisförmigen Blendenöffnung nach außen hin schneller als bei einer quadratischen Öffnung ab. D.h. die auf die Negativebene auftreffende Strahlung verteilt sich hinsichtlich der einzelnen Nebenmaxima bei einer quadratischen Blendenöffnung gleichmäßiger als bei einer kreisförmigen Öffnung, so daß das Hauptmaximum bei Kreisblenden dominanter in Erscheinung tritt als bei quadratischen Öffnungen. Durch Integration der Intensität über einzelne Bereiche des Beugungsmusters kann dieser Sachverhalt quantifiziert werden (siehe Kapitel 7). Die quadratische Blendenöffnung ist aber bezüglich des einfachen Herstellungsprozesses und aufgrund der geringen Vignettierung einer kreisförmigen überlegen. In Kapitel 5 werden hierzu noch weitere Überlegungen vorgestellt.

4.3 Kameraoptimierung

Die Ergebnisse der Kapitel 4.1 und 4.2 lassen sich folgendermaßen zusammenfassen :

Die **geometrische Optik** liefert unter den gegebenen Randbedingungen für die maximale Kantenlänge $a_{max}(b)$ einer quadratischen Blendenöffnung die Gleichung

$$a_{max}(b) = 9.9 \cdot 10^{-4} \frac{c_N}{1 + b/g} \tag{4-7}$$

bzw. die Ungleichung

$$a(b) \leq 9.9 \cdot 10^{-4} \frac{c_N}{1 + b/g} \tag{4-8}$$

mit dem Wertebereich

$$a_{max}(b) \in]\, 0 \,,\; 9.9 \cdot 10^{-4}\, c_N \,]$$

und dem Definitionsbereich

$$b \in]\, 0 \,,\; \infty [\quad .$$

Die **Wellenoptik** liefert für die minimale Kantenlänge $a_{min}(b)$ die Gleichung

$$a_{min}(b) = \lambda \sqrt{\left(2021 \frac{b}{c_N}\right)^2 + 1} \tag{4-9}$$

bzw. die Ungleichung

$$a(b) \geq \lambda \sqrt{\left(2021 \frac{b}{c_N}\right)^2 + 1} \qquad (4\text{-}10)$$

mit dem Wertebereich

$$a_{min}(b) \in [\,\lambda\,, \infty\,[$$

und dem Definitionsbereich

$$b \in \,]\,0\,, \infty\,[\qquad .$$

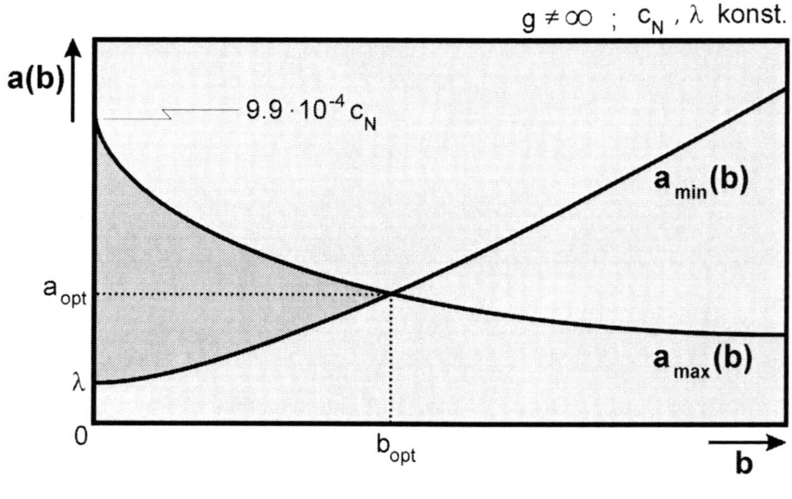

Abb. 4-4 *Kantenlänge $a_{min}(b)$ und $a_{max}(b)$ als Funktion der Kameralänge b für $g \neq \infty$*

Die Abbildung 4-4 zeigt den zulässigen Bereich für a(b). Alle Wertepaare (a, b), die die Ungleichungen (4-8) und (4-10) erfüllen, liegen im dunkelgrau unterlegten Bereich.

Lochkameras mit den Parametern a und b aus diesem Bereich sind in der Lage, scharfe Vergrößerungen zu liefern. Dies gilt unter Einhaltung der typischen Betrachtungsweite g_{ty}. Die Auflösungsbedingung $d = 1.4 \cdot 10^{-3}\, c_N$ ist in diesem Bereich erfüllt. Auch hier ergeben sich wie bei den Untersuchungen zur Kreisblende sehr kleine Kameralängen, so daß als optimale Kameralänge b_{opt} aus herstellungstechnischen und perspektivischen Gründen wieder die größtmögliche gewählt wird. Diese ergibt sich aus dem Schnittpunkt von $a_{min}(b)$ mit $a_{max}(b)$.

Aus $a_{min}(b) = a_{max}(b)$ folgt :

$$\lambda \sqrt{\left(2021 \frac{b}{c_N}\right)^2 + 1} = 9.9 \cdot 10^{-4} \frac{c_N}{1 + b/g} \qquad (4\text{-}11)$$

Da im allgemeinen eine Gleichung 4-ten Grades nicht geschlossen lösbar ist, bestimmt man eine Approximationslösung mit Hilfe des Newtonverfahrens, das sich durch eine quadratische Konvergenz auszeichnet. Die beiden letzten Zahlenbeispiele deuten darauf hin, daß Lochkameras mit quadratischer Öffnung größenordnungsmäßig dieselben Kameraparameter wie Kameras mit Kreisblende besitzen. Die Annahme $b \gg c_N / 2021$ liegt daher nahe. Ein guter Startwert für das Newtonverfahren wird sich demnach durch Lösen der Gleichung

$$2021 \frac{\lambda\, b}{c_N} = 9.9 \cdot 10^{-4} \frac{c_N}{1 + b/g} \qquad (4\text{-}12)$$

ergeben, d.h.

$$g \neq \infty \qquad b_0 = \frac{g}{2}\left(\sqrt{1 + 1.96 \cdot 10^{-6} \frac{c_N^2}{\lambda\, g}} - 1\right) \qquad (4\text{-}13)$$

Mit dem Newtonverfahren erhält man

$g \neq \infty$ $$b_{opt} = b_0 - \frac{f(b_0)}{f'(b_0)} \qquad (4\text{-}14)$$

mit

$$f(b_0) = \lambda \sqrt{(2021\, b_0 / c_N)^2 + 1} - \frac{9.9 \cdot 10^{-4}\, c_N}{1 + b_0 / g}$$

und

$$f'(b_0) = \frac{df}{db}(b_0)$$

$$= \frac{4.08 \cdot 10^6\, b_0\, \lambda}{c_N^2 \sqrt{(2021\, b_0 / c_N)^2 + 1}} + \frac{9.9 \cdot 10^{-4}\, c_N}{g\,(1 + b_0 / g)^2}$$

Durch diese Gleichungen wird b_{opt} explizit bestimmbar. Setzt man jetzt b_{opt} in die Gleichung (4-7) oder (4-9) ein, so kann durch

$g \neq \infty$ $$a_{opt} = 9.9 \cdot 10^{-4} \frac{c_N}{1 + b_{opt} / g} \qquad (4\text{-}15)$$

oder

$g \neq \infty$ $$a_{opt} = \lambda \sqrt{\left(2021 \frac{b_{opt}}{c_N}\right)^2 + 1} \qquad (4\text{-}16)$$

die optimale Kameralänge a_{opt} berechnet werden.

Für eine vorgegebene Negativdiagonale c_N, Wellenlänge λ und Gegenstandsweite g liefern die Gleichungen (4-14) - (4-16) optimale Kameraparameter.

In dem Spezialfall g = ∞ erhält man aus den Gesetzen der geometrischen Optik, d.h. Gleichung (4-2), die maximale Kantenlänge

$$a_{max}(b) = 9.9 \cdot 10^{-4}\, c_N \qquad (4\text{-}17)$$

bzw.

$$a(b) \leq 9.9 \cdot 10^{-4}\, c_N \qquad (4\text{-}18)$$

Unter Berücksichtigung der Wellenoptik (Gleichung (4-6)) muß man folgende Zusammenhänge weiterhin beachten :

$$a_{min}(b) = \lambda \sqrt{\left(2021 \frac{b}{c_N}\right)^2 + 1} \qquad (4\text{-}19)$$

bzw.

$$a\,(b) \geq \lambda \sqrt{\left(2021 \frac{b}{c_N}\right)^2 + 1} \qquad (4\text{-}20)$$

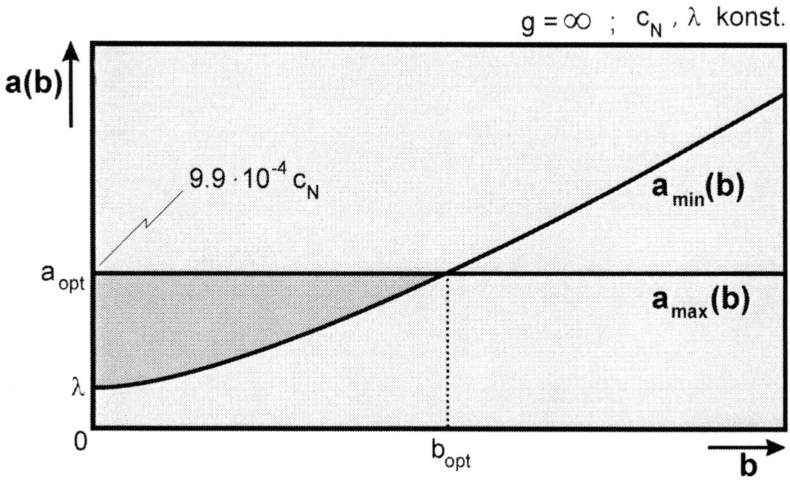

***Abb. 4-5** Kantenlänge $a_{min}(b)$ und $a_{max}(b)$ als Funktion der Kameralänge b für g = ∞*

Die Abbildung (4-5) zeigt die Verläufe von $a_{min}(b)$ und $a_{max}(b)$. Alle Wertepaare (a, b), die die Ungleichungen (4-18) und (4-20) erfüllen, liegen im dunkelgrau unterlegten Bereich der Abbildung. Lochkameras der Länge b mit einer quadratischen Blendenöffnung der Kantenlänge a, die diesen Wertepaaren entsprechen, erfüllen die Auflösungsbedingung, d.h. eine Punktabbildung hat die charakteristische Größe $d = 1.4 \cdot 10^{-3}\, c_N$. Der Schnittpunkt der Funktionen $a_{max}(b)$ mit $a_{min}(b)$ liefert die optimalen Parameter a_{opt} und b_{opt}, wobei b_{opt} aus herstellungstechnischen Gründen der größtmögliche Wert ist :

$$\lambda \sqrt{\left(2021 \frac{b}{c_N}\right)^2 + 1} = 9.9 \cdot 10^{-4}\, c_N$$

Man erhält :

$$g = \infty \qquad \boxed{b_{opt} = c_N \sqrt{\frac{9.79 \cdot 10^{-7}\, c_N^2 - \lambda^2}{4.08 \cdot 10^6\, \lambda^2}}} \qquad (4\text{-}21)$$

Die Gleichung (4-17) liefert die optimale Kantenlänge der quadratischen Blendenöffnung :

$$g = \infty \qquad \boxed{a_{opt} = 9.9 \cdot 10^{-4}\, c_N} \qquad (4\text{-}22)$$

Im folgenden Kapitel werden noch einmal die Bestimmungsgleichungen für die optimalen Parameter einer Lochkamera mit quadratischer Blendenöffnung zusammenfassend dargestellt.

4.3.1 Bestimmungsgleichungen

Analog zur Untersuchung der Kreisblende wurden auch für die quadratische Blendenöffnung zwei Fälle unterschieden. Zum einen wurden Bestimmungsgleichungen für optimale Kameraparameter hinsichtlich beliebiger Gegenstandsweiten $g \neq \infty$ hergeleitet, die aber nicht geschlossen lösbar waren und nur eine, wenn auch sehr gute, approximative Lösung zuließen. Zum anderen ergaben sich Näherungslösungen für den Fall $g = \infty$. Die Gleichungen für b_{opt} beschreiben den Maximalwert der optimalen Kameralänge. Mit Kameralängen kleiner b_{opt} wird die Auflösungsbedingung d ebenfalls erfüllt.

Allgemeiner Fall (g ≠ ∞)

$$\boxed{b_{opt} = b_0 - \frac{f(b_0)}{f'(b_0)}} \tag{4-23}$$

Optimale Kameralänge

mit

$$b_0 = \frac{g}{2}\left(\sqrt{1 + 1.96 \cdot 10^{-6}\,\frac{c_N^2}{\lambda\, g}} - 1\right)$$

$$f(b_0) = \lambda \sqrt{(2021 b_0 / c_N)^2 + 1} - \frac{9.9 \cdot 10^{-4}\, c_N}{1 + b_0/g}$$

$$f'(b_0) = \frac{4.08 \cdot 10^6\, b_0\, \lambda}{c_N^2 \sqrt{(2021 b_0 / c_N)^2 + 1}} + \frac{9.9 \cdot 10^{-4}\, c_N}{g(1 + b_0/g)^2}$$

sowie

$$a_{opt} = \lambda \sqrt{\left(2021 \frac{b_{opt}}{c_N}\right)^2 + 1} = 9.9 \cdot 10^{-4} \frac{c_N}{1 + b_{opt} / g} \qquad (4\text{-}24)$$

Optimale Kantenlänge

Spezieller Fall (g = ∞)

$$b_{opt} = c_N \sqrt{\frac{9.79 \cdot 10^{-7} \, c_N^2 - \lambda^2}{4.08 \cdot 10^6 \, \lambda^2}} \qquad (4\text{-}25)$$

Optimale Kameralänge

$$a_{opt} = 9.9 \cdot 10^{-4} c_N \qquad (4\text{-}26)$$

Optimale Kantenlänge

4.3.2 Größtfehlerabschätzung

Die Untersuchung des Größtfehlers der charakteristischen Größe einer Punktabbildung zeigt, inwieweit Variationen der optimalen Kantenlänge a_{opt} und der optimalen Kameralänge b_{opt} einen Einfluß auf die Auflösungsbedingung d hat.

Die geometrische Optik liefert für die Punktabbildungsdiagonale

$$\alpha = \left(1 + \frac{b}{g}\right) a \quad .$$

Nach der Wellenoptik gilt für die Diagonale des zentralen Beugungsmaximums

$$\delta_A = 2.83 \frac{\lambda\, b}{\sqrt{a^2 - \lambda^2}} \quad .$$

Die absoluten Größfehler besitzen die Form :

$$\begin{aligned} \Delta\alpha &= \left|\frac{\partial\alpha}{\partial b}\Delta b\right| + \left|\frac{\partial\alpha}{\partial a}\Delta a\right| \\ &= (\alpha - a)\frac{\Delta b}{b} + \alpha\frac{\Delta a}{a} \end{aligned}$$

bzw.

$$\begin{aligned} \Delta\delta_A &= \left|\frac{\partial\delta_A}{\partial b}\Delta b\right| + \left|\frac{\partial\delta_A}{\partial a}\Delta a\right| \\ &= \delta_A\frac{\Delta b}{b} + \delta_A\frac{a^2}{a^2 - \lambda^2}\frac{\Delta a}{a} \end{aligned}$$

Hierbei sind Δa und Δb die absoluten Größtfehler der Kantenlänge a und Kameralänge b.

Für die relativen Größtfehler gilt :

$$\begin{aligned} \frac{\Delta\alpha}{\alpha} &= \left(1 - \frac{a}{\alpha}\right)\frac{\Delta b}{b} + \frac{\Delta a}{a} \\ &\leq \frac{\Delta b}{b} + \frac{\Delta a}{a} \end{aligned} \qquad (4\text{-}27)$$

bzw.

$$\frac{\Delta\delta_A}{\delta_A} = \frac{\Delta b}{b} + \frac{a^2}{a^2 - \lambda^2}\frac{\Delta a}{a} \qquad (4\text{-}28)$$

Hieraus folgt :

$$\frac{\Delta\delta_A}{\delta_A} \geq \frac{\Delta\alpha}{\alpha}$$

Der wellenoptische Fehlerbeitrag (4-28) ist also mindestens so groß wie der geometrische Fehlerbeitrag. Man kann also den letzteren vernachlässigen. Da außerdem $\lambda \ll a$ gilt, erhält man

$$\frac{\Delta\delta_A}{\delta_A} \approx \frac{\Delta a}{a} + \frac{\Delta b}{b} \quad ,$$

d.h. im wesentlichen addieren sich die relativen Fehler der einzelnen Komponenten. Dieses Ergebnis entspricht demjenigen aus der Größtfehlerabschätzung der Kreisblende (siehe Kapitel 3.3.2).

4.3.3 Optimale Kameraparameter

Die mit den Gleichungen (4-23) - (4-26) berechneten optimalen Kameralängen b_{opt} und Kantenlängen a_{opt} werden in Tabelle 4-1 für unterschiedliche Gegenstandsweiten aufgeführt. Wie bei den Kreisblenden so zeigt sich auch hier eine nur geringe Abhängigkeit der Parameter von der Gegenstandsweite, so daß in Tabelle 4-2 die für eine Lochkamera anwendbaren Mittelwerte aufgeführt sind.

		g			
		10 m	100 m	1000 m	∞
$c_{N,1}$	b_{opt}	1,6695	1,6697	1,6697	1,6697
	a_{opt}	0,0429	0,0429	0,0429	0,0429
$c_{N,2}$	b_{opt}	6,4156	6,4193	6,4196	6,4196
	a_{opt}	0,0839	0,0841	0,0841	0,0841
$c_{N,3}$	b_{opt}	10,4160	10,4258	10,4267	10,4267
	a_{opt}	0,1070	0,1071	0,1071	0,1071
$c_{N,4}$	b_{opt}	19,9994	20,0354	20,0390	20,0391
	a_{opt}	0,1482	0,1485	0,1485	0,1485
$c_{N,5}$	b_{opt}	23,4923	23,5420	23,5469	23,5471
	a_{opt}	0,1606	0,1609	0,1610	0,1610
$c_{N,6}$	b_{opt}	42,3421	42,5033	42,5196	42,5207
	a_{opt}	0,2154	0,2162	0,2163	0,2163
$c_{N,7}$	b_{opt}	93,3761	94,1596	94,2394	94,2467
	a_{opt}	0,3190	0,3217	0,3220	0,3221

Tabelle 4-1 *Optimale Kameraparameter b_{opt} und a_{opt} nach den Gleichungen (4-23) - (4-26) (Angaben in mm, Negativformate siehe S. 138)*

Neben der schwachen Abhängigkeit der Lochkameraparameter von der Gegenstandsweite, was auf eine große Tiefenschärfe hindeutet (siehe Kapitel 4.5), fallen auch hier die geringen Kameralängen auf. Die Frage nach der Veränderung der Abbildungsqualität bei Anwendung einer beliebigen Kameralänge $b_{bel} > b_{opt}$ wird in Kapitel 4.4 besprochen.

	b_{opt} (mm)	a_{opt} (mm)
$c_{N,1}$	1,670	0,043
$c_{N,2}$	6,419	0,084
$c_{N,3}$	10,424	0,107
$c_{N,4}$	20,029	0,148
$c_{N,5}$	23,532	0,161
$c_{N,6}$	42,471	0,216
$c_{N,7}$	94,006	0,321

Tabelle 4-2 *Optimale Kameraparameter für beliebige Gegenstandsweiten (Negativformate siehe S. 138)*

4.4 Beliebige Kameraparameter

Mit Hilfe der Gleichungen (4-23) - (4-26) lassen sich die optimalen Kameraparameter b_{opt} und a_{opt} für eine Lochkamera mit quadratischer Blendenöffnung bei einem festen Negativformat c_N berechnen. Die Abbildungsqualität sinkt, d.h. die Auflösungsbedingung d wird verletzt, wenn eine Lochkamera mit beliebiger Kameralänge $b_{bel} > b_{opt}$ und/oder mit einer beliebigen Kantenlänge $a_{bel} \neq a_{opt}$ benutzt wird. Inwieweit sich eine Verringerung der Abbildungsleistung durch geeignete Anpassung der Parameter minimieren läßt, wird in den folgenden Kapiteln behandelt.

4.4.1 Kameralänge

Es wird untersucht, wie sich eine Abweichung der Kameralänge vom optimalen Wert bei Anpassung der Öffnungskantenlänge auf die Abbildungsqualität auswirkt. Die Abbildung 4-6 zeigt anschaulich den Zusammenhang zwischen einer beliebigen Kameralänge $b_{bel} > b_{opt}$ und den zugehörigen Kantenlängen $a_{min}(b_{bel})$ und $a_{max}(b_{bel})$.

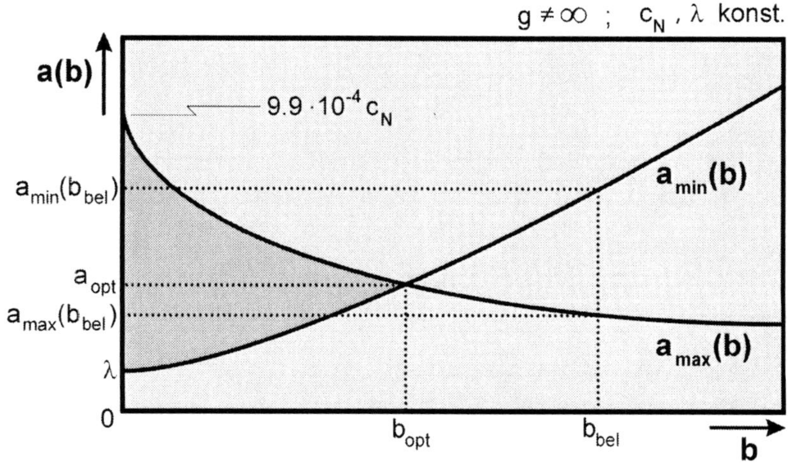

***Abb. 4-6** Beliebige Kameralänge b_{bel} für $g \neq \infty$*

Da es zu einem gegebenen $b_{bel} > b_{opt}$ kein $a(b_{bel}) = a_{bel}$ gibt, daß die Länge der Punktabbildungsdiagonale unterhalb des durch die Auflösungsbedingung gegebenen Wertes liegt, wird also ein a_{bel} gesucht, derart, daß die Länge der Punktabbildungsdiagonale minimal wird. Diese Diagonale wird durch die Gleichungen (4-1) und (4-5) beschrieben. Es liegt also nahe, die Funktion

$$F(a) = \sqrt{2}\left(1+\frac{b}{g}\right)a + 2.83\frac{\lambda\, b}{\sqrt{a^2-\lambda^2}} \qquad (4\text{-}29)$$

mit $a \in [\ \lambda\ ,\ \infty\ [$ zu minimieren. Es gilt :

$$\frac{dF(a)}{da} = \sqrt{2}\left(1+\frac{b}{g}\right) - 2.83\frac{\lambda\, a\, b}{(a^2-\lambda^2)^{3/2}} \qquad (4\text{-}30)$$

Da die Gleichung dF(a)/da = 0 nicht geschlossen lösbar ist, nimmt man als Näherungslösung a_{bel} das arithmetische Mittel der Größen $a_{min}(b_{bel})$ und $a_{max}(b_{bel})$, die sich aus den Gleichungen (4-2) und (4-6) ergeben. Man berechnet für $g \neq \infty$:

$$a_{bel} = \frac{1}{2}\left(\lambda\sqrt{\left(2021\frac{b_{bel}}{c_N}\right)^2+1} + \frac{9.9\cdot 10^{-4}c_N}{1+b_{bel}/g}\right)$$

(4-31)

Hieraus oder aus den Gleichungen (4-17) und (4-19) folgt für den Fall $g = \infty$:

$$a_{bel} = \frac{1}{2}\left(\lambda\sqrt{\left(2021\frac{b_{bel}}{c_N}\right)^2+1} + 9.9\cdot 10^{-4}c_N\right)$$

(4-32)

An dem folgenden Zahlenbeispiel soll die Verschlechterung der Abbildungsleistung veranschaulicht werden.

Nach Tabelle 4-2 besitzt eine optimierte Lochkamera mit dem Negativformat c_N = 325.3 mm die Parameter b_{opt} = 94.01 mm und a_{opt} = 0.32 mm. Die Kamera werde auf 200 mm verlängert. Für g = ∞ ergibt sich mit der Gleichung (4-32) eine Kantenlänge a_{bel} = 0.50 mm. Die Punktabbildungsdiagonalen besitzen nach den Gleichungen (4-1) und (4-5) somit die Werte :

$$\delta = \sqrt{2}\, a_{bel} = 0.71\,\text{mm}$$

bzw.

$$\delta_A = 2.83\,\frac{\lambda\, b_{bel}}{\sqrt{a_{bel}^2 - \lambda^2}} = 0.62\,\text{mm}$$

Der Wert von 0.71 mm, der sich aus der geometrischen Optik ergibt, ist größer und muß damit zur Bestimmung der Abbildungsqualität herangezogen werden. Für eine optimale Diagonale ergäbe sich $d = 1.4 \cdot 10^{-3}\, c_N$ = 0.455 mm. Man sieht, daß sich die Abbildungsqualität um den Faktor 0.71 / 0.455 = 1.56 verschlechtert hat.

Für den Fall $b_{bel} < b_{opt}$ zeigt die Abbildung 4-6, daß es unendlich viele Werte für die Kantenlänge a_{bel} gibt, die die Auflösungsbedingung d erfüllen. Alle Wertepaare des dunkelgrau unterlegten Bereichs, der durch die Funktionen $a_{min}(b)$ und $a_{max}(b)$ begrenzt wird, liefern eine optimale Abbildungsqualität. Es folgt daher mit den Gleichungen (4-2) und (4-6) für $b_{bel} < b_{opt}$:

$$g \neq \infty \qquad a_{bel} \in \left[\lambda \sqrt{\left(2021\,\frac{b_{bel}}{c_N}\right)^2 + 1}\ ,\ \frac{9.9\cdot 10^{-4}\, c_N}{1 + b_{bel}/g} \right] \qquad (4\text{-}33)$$

bzw.

$$g = \infty \qquad \boxed{a_{bel} \in \left[\lambda \sqrt{\left(2021 \frac{b_{bel}}{c_N}\right)^2 + 1} \;,\; 9.9 \cdot 10^{-4}\, c_N \right]} \qquad (4\text{-}34)$$

4.4.2 Kantenlänge

Wie bei einer Kreisblende so kann auch die Herstellung einer quadratischen Blendenöffnung nach den Vorgaben der Tabelle 4-2 technische Schwierigkeiten bereiten. In diesem Abschnitt wird dargestellt, wie die Anpassung der Kameralänge an eine beliebige Kantenlänge $a_{bel} \neq a_{opt}$ durchzuführen ist. Die Abbildung 4-7 verdeutlicht die Situation.

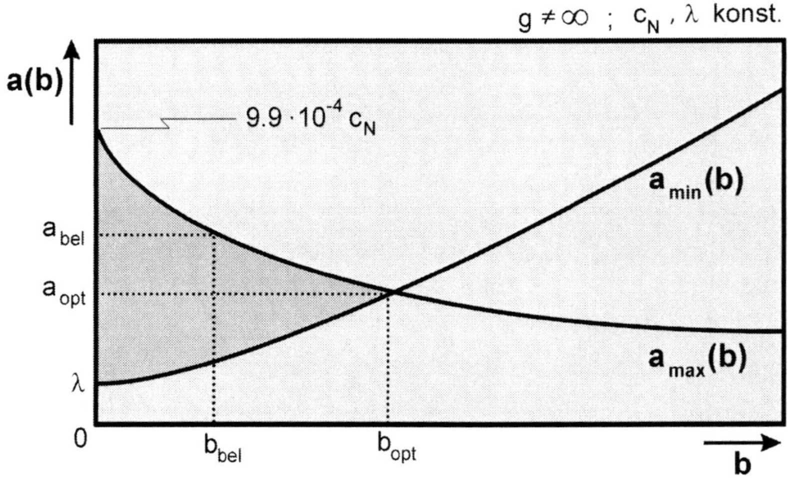

Abb. 4-7 *Beliebige Kantenlänge a_{bel} für $g \neq \infty$*

Für $g \neq \infty$ muß man drei Fälle unterscheiden :

1. Fall für $g \neq \infty$: $a_{bel} \in \,]\, 0, \lambda\, [$

Hier wird die Auflösungbedingung d immer verletzt, d.h. eine optimale Abbildungsqualität kann nicht erreicht werden. Je größer die Kameralänge ist, desto schlechter wird die Abbildungsleistung.

2. Fall für $g \neq \infty$: $a_{bel} \in \,]\, 9.9 \cdot 10^{-4}\, c_N\, , \infty\, [$

Auch hier wird die Auflösungsbedingung immer verletzt und die Abbildungsleistung verschlechtert sich bei Verlängerung der Kamera.

3. Fall für $g \neq \infty$: $a_{bel} \in [\, \lambda\, , 9.9 \cdot 10^{-4}\, c_N\,]$

In diesem Fall ergeben sich zwei Möglichkeiten.

a) $a_{bel} \in [\, \lambda\, , a_{opt}\,]$

Mit Gleichung (4-6) folgt für die Kameralänge b_{bel}

$$g \neq \infty \qquad b_{bel} = 4.95 \cdot 10^{-4}\, c_N \sqrt{\frac{a_{bel}^2}{\lambda^2} - 1} \tag{4-35}$$

b) $a_{bel} \in \,]\, a_{opt}\, , 9.9 \cdot 10^{-4}\, c_N\,]$

Nach Gleichung (4-2) gilt für die Kameralänge b_{bel}

$$g \neq \infty \qquad b_{bel} = g\,(\frac{9.9 \cdot 10^{-4}\, c_N}{a_{bel}} - 1) \tag{4-36}$$

In beiden Fällen a) und b) erfüllen die Paare a_{bel} und b_{bel} die Auflösungsbedingung *d*, d.h. man erhält eine optimale Abbildungsqualität. Hierbei stellt b_{bel} zu dem vorgegebenen a_{bel} einen Maximalwert dar, d.h. für alle b mit $b_{bel} \geq b$ wird stets eine optimale Abbildungsqualität erreicht und für alle b mit $b_{bel} < b$ wird die Auflösungsbedingung stets verletzt.

Auch für $g = \infty$ muß man die Fälle $a_{bel} \in]\,0, \lambda\,[$, $a_{bel} \in [\,\lambda, 9.9 \cdot 10^{-4}\, c_N\,]$ und $a_{bel} \in]\,9.9 \cdot 10^{-4}\, c_N, \infty\,[$ unterscheiden (Abb. 4-8). Für $g = \infty$ ist die maximale Kantenlänge a_{max} konstant und entspricht der optimalen Kantenlänge a_{opt}.

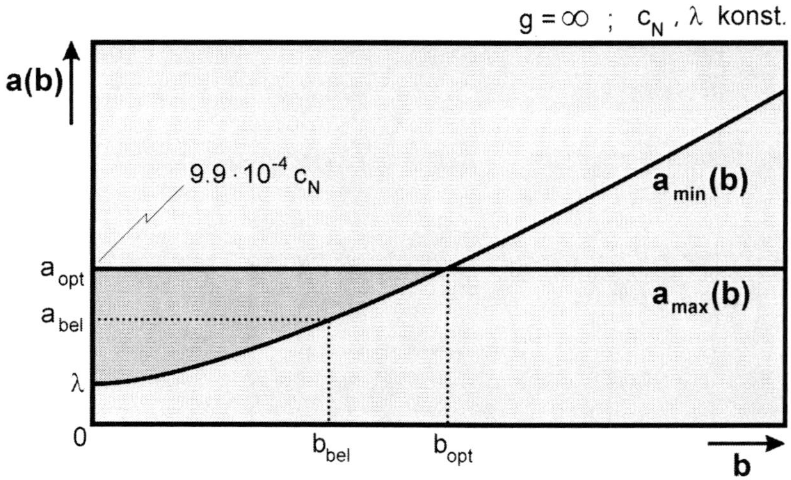

***Abb. 4-8** Beliebige Kantenlänge a_{bel} für $g = \infty$*

1. Fall für g = ∞ : $a_{bel} \in]\,0, \lambda\,[$

Da die Auflösungsbedingung nicht erfüllbar ist, wird die Abbildungsqualität nicht optimal.

2. Fall für g = ∞ : $a_{bel} \in \,]\, 9.9 \cdot 10^{-4}\, c_N \,,\, \infty\, [$

Die Auflösungsbedingung wird ebenfalls nicht erfüllt.

In den Fällen 1. und 2. verschlechtert sich die Abbildungsqualität bei Vergrößerung der Kameralänge b.

3. Fall für g = ∞ : $a_{bel} \in [\, \lambda \,,\, 9.9 \cdot 10^{-4}\, c_N \,]$

Mit der Gleichung (4-6) folgt für die Kameralänge b_{bel} :

$$g = \infty \qquad \boxed{b_{bel} = 4.95 \cdot 10^{-4}\, c_N \sqrt{\frac{a_{bel}^2}{\lambda^2} - 1}} \qquad (4\text{-}37)$$

Die Auflösungsbedingung d wird bei Anwendung der Größen a_{bel} und b_{bel} erfüllt. Auch hier stellt b_{bel} zu vorgegebenem a_{bel} einen Maximalwert dar.

Ein Zahlenbeispiel soll die Anpassung der Kameralänge an eine nicht optimale Kantenlänge verdeutlichen.

Die Negativdiagonale sei c_N = 325.3 mm. Die optimale Kameralänge für g = ∞ ist nach Gleichung (4-25) :

$$b_{opt} = c_N \sqrt{\frac{9.79 \cdot 10^{-7}\, c_N^2 - \lambda^2}{4.08 \cdot 10^6\, \lambda^2}} = 94.25\,\text{mm}$$

Für die optimale Kantenlänge a_{opt} gilt nach Gleichung (4-26) :

$$a_{opt} = 9.9 \cdot 10^{-4}\, c_N \doteq 0.32\,\text{mm}$$

Aus technischen Gründen sei die Kantenlänge lediglich a_{bel} = 0.30 mm. Mit Gleichung (4-37) ergibt sich für die angepaßte Kameralänge b_{bel} :

$$b_{bel} = 4.95 \cdot 10^{-4}\, c_N \sqrt{\frac{a_{bel}^2}{\lambda^2} - 1} = 87.83\,\text{mm}$$

Als charakteristische Größe einer Punktabbildung gilt nach Gleichung (4-5) :

$$\delta_A = 2.83 \frac{\lambda\, b}{\sqrt{a^2 - \lambda^2}} = 0.46\,\text{mm}$$

Dieser Wert entspricht der Auflösungsbedingung, d.h. $d = 1.4 \cdot 10^{-3}\, c_N = 0.46$ mm. Die Abbildungsqualität wird also bei Anwendung der Parameter a_{bel} und b_{bel} optimal.

4.4.3 Negativformat

Hinsichtlich der Überlegungen, die sich auf die Variation des Negativformats beziehen, sei auf das Kapitel 3.4.3 verwiesen. Die Schlußfolgerungen, die sich vor dem Hintergrund der Kreisblenden ergeben, können ohne Einschränkung auch auf quadratische Blendenöffnungen übertragen werden. Ein Zahlenbeispiel soll das Verfahren des variablen Negativformats für Lochkameras mit quadratischer Blendenöffnung noch einmal verdeutlichen.

Eine Kamera sei vorgesehen für $g = \infty$ und c_N = 162.6 mm. Die Gleichungen (4-25) und (4-26) liefern die optimalen Parameter :

$$(b_{opt}\ ,\ a_{opt}) = (23.55\ \text{mm}\ ,\ 0.16\ \text{mm})$$

Zur Verfügung steht lediglich eine Blende mit der Öffnungskantenlänge a = 0.1 mm. Die Gleichung (4-26) liefert die Negativdiagonale c_N = 101 mm und Gleichung (4-25) die optimale Kameralänge b_{opt} = 9.1 mm. Da Negative mit einer Diagonalen von 101 mm nicht erhältlich sind, wählt man das nächst größere gängige Format (c_N = 108.2 mm). Die Kamera der Form

$$(b_{opt}\ ,\ a_{opt}) = (9.1\ \text{mm}\ ,\ 0.1\ \text{mm}) \quad \text{für} \quad c_N = 108.2\ \text{mm}$$

erfüllt die Auflösungsbedingung d.

4.5 Tiefenschärfe

Entsprechend der Vorgehensweise des Kapitels 3.5 wird der Tiefenschärfebereich für eine quadratische Blendenöffnung berechnet. Um das Verhalten der Punktabbildungsdiagonalen als Funktion der Gegenstandsweite zu untersuchen, wird die Gleichung (4-1) herangezogen. Danach hat die Punktabbildungsdiagonale die Form

$$\delta(g) = \sqrt{2}\left(1+\frac{b}{g}\right)a \quad .$$

Auch hier liegt die Annahme nahe, daß eine 1%-ige Vergrößerung der Punktabbildungsdiagonalen keine signifikante Abbildungsverschlechterung hervorruft. Bezeichnet man mit g_{Nah} den Nahpunkt, so ergibt sich für $\delta(g = g_{Nah})$ mit Gleichung (4-1) :

$$\delta(g = g_{Nah}) = \sqrt{2}\left(1 + \frac{b_{opt}}{g_{Nah}}\right) a_{opt} = 1.414 \cdot 10^{-3}\, c_N$$

Auflösung nach g_{Nah} liefert mit Gleichung (4-24) :

$$g_{Nah} = \frac{1}{1.01/g + 0.01/b_{opt}} \qquad (4\text{-}38)$$

Wie bei der Lochkamera mit kreisförmiger Blendenöffnung ergibt sich auch hier für g = ∞ der einfache Zusammenhang :

$$g_{Nah} = 100\, b_{opt} \qquad (4\text{-}39)$$

Der Tiefenschärfebereich einer optimierten Lochkamera mit quadratischer Blendenöffnung liegt also für g = ∞ wie bei der Lochkamera mit kreisförmiger Öffnung zwischen $g = 100\ b_{opt}$ und $g = \infty$.

Da die optimalen Längen der Kameras mit einer quadratischen Öffnung kleiner als die mit einer Kreisöffnung sind, ergibt sich bei quadratischen Öffnungen ein größerer Tiefenschärfebereich.

Die Tabelle 4-3 zeigt die Nahpunkte, die sich mit Hilfe der Gleichungen (4-38) und (4-39) und den Werten der Tabelle 4-1 ergeben.

	g			
	10 m	**100 m**	**1000 m**	**∞**
$c_{N,1}$	0,16	0,17	0,17	0,17
$c_{N,2}$	0,60	0,64	0,64	0,64
$c_{N,3}$	0,94	1,03	1,04	1,04
$c_{N,4}$	1,66	1,96	2,00	2,00
$c_{N,5}$	1,90	2,30	2,35	2,36
$c_{N,6}$	2,97	4,08	4,23	4,25
$c_{N,7}$	4,81	8,60	9,34	9,42

Tabelle 4-3 *Nahpunkte g_{Nah} (Angaben in m)*
(Negativformate siehe S. 138)

4.6 Lichtstärke und Belichtungszeit

Bei einer Lochkamera mit Kreisblende bezeichnete man das Verhältnis des Blendenöffnungsdurchmessers zur Kameralänge als Lichtstärke (Kapitel 3.6). Will man diesen Begriff auf Lochkameras mit quadratischen Blendenöffnungen übertragen, muß man zunächst den Begriff des Öffnungsdurchmessers definieren. Als Durchmesser $\mathfrak{D}$ wird der Durchmesser desjenigen Kreises benutzt, der exakt die gleiche Fläche wie die der quadratischen Blendenöffnung der Kantenlänge a, nämlich a^2, besitzt. Es gilt daher für $\mathfrak{D}$:

$$\mathfrak{D} = \frac{2\,a}{\sqrt{\pi}} \quad \text{bzw.} \quad \mathfrak{D}_{opt} = \frac{2\,a_{opt}}{\sqrt{\pi}}$$

Die Tabelle 4-4 zeigt die Lichtstärken L und die Blendenzahlen f / # der optimierten Lochkameras mit quadratischen Blendenöffnungen nach den Werten der Tabelle 4-2.

	$L = \mathfrak{D}_{opt} / b_{opt}$	f / #
$c_{N,1}$	0,0291	34,4
$c_{N,2}$	0,0148	67,7
$c_{N,3}$	0,0116	86,3
$c_{N,4}$	0,0083	119,9
$c_{N,5}$	0,0077	129,5
$c_{N,6}$	0,0057	174,3
$c_{N,7}$	0,0039	259,5

Tabelle 4-4 *Lichtstärke L und Blendenzahl f / # nach den Werten der Tabelle 4-2 (Negativformate siehe S. 138)*

Vergleicht man diese Ergebnisse mit denen der Tabelle 3-4, so stellt man fest, daß die Lochkameras mit quadratischer Öffnung um ca. 30% lichtstärker als diejenigen mit Kreisblende sind. Die Ursache dafür liegt in den geringen Längen der optimierten Kameras mit quadratischen Öffnungen. Praktisch bedeuten die höheren Lichtstärken und die damit verbundenen kürzeren aber trotzdem noch sehr langen Belichtungszeiten keinen praktischen Vorteil. Wie im Fall der Kreisblende bestimmt man die korrekte Belichtungszeit mit Hilfe der Gleichung (3-40). Betrachtet man wieder das Zahlenbeispiel aus Kapitel 3.6, so ergibt sich hier für die Lochkamera mit der Negativdiagonalen $c_{N,7}$ eine Belichtungszeit von

$$t_{LK} = \left(\frac{259.5}{5.6}\right)^2 \frac{1}{60} s = 36\,s \quad .$$

Auch hier muß man aufgrund der langen Belichtungszeit den Schwarzschild-Effekt berücksichtigen, so daß der Wert für die korrigierte Belichtungszeit $t_{LK,S}$ mit einem Schwarzschildexponenten von ca. 0.655 (siehe Abb. 3-19) bei 236 s liegt :

$$\begin{aligned} t_{LK,S} &= \left(\frac{L_{BM}}{L_{LK}}\right)^{2/0.655} t_{BM}^{1/0.655} \\ &= \left(\frac{259.5}{5.6}\right)^{3.05} \left(\frac{1}{60}\right)^{1.53} s \\ &= 236\,s \end{aligned}$$

Diese Belichtungszeit ist deutlich niedriger als bei einer entsprechenden Lochkamera mit Kreisblende, die bei 436 s lag. Trotzdem ist eine Stativ notwendig und motivbedingte Bewegungsunschärfen ergeben sich bei Belichtungszeiten von sowohl 236 s als auch 436 s.

4.7 Natürliche Helligkeitsabnahme

In Kapitel 3.7 wurde gezeigt, daß die natürliche Helligkeitsabnahme proportional zur vierten Potenz des Kosinus des halben Bildwinkels ist. Diese Gesetzmäßigkeit gilt unabhängig von der Form der Blendenöffnung. Die einzige Voraussetzung war, daß die charakteristische Größe der

Blendenöffnung klein gegenüber der Negativdiagonalen ist. Diese Bedingung wird bei Lochkameras sowohl mit kreisförmigen als auch mit quadratischen Blendenöffnungen erfüllt. Die Schlußfolgerungen des Kapitels 3.3.4 können daher uneingeschränkt für die quadratischen Blendenöffnungen übernommen werden. Die erfaßten Bildwinkel und die korrespondierenden Kleinbildbrennweiten sind abhängig von der Kameralänge und unterscheiden sich daher im Falle der quadratischen Blendenöffnungen von denen der Kreisblenden, die in Tabelle 3-5 aufgeführt wurden. Die Tabelle 4-5 zeigt die erfaßten Bildwinkel 2γ und die entsprechenden Kleinbildbrennweiten f_{KB} für die optimierten Lochkameras mit quadratischer Blendenöffnung nach den Werten der Tabelle 4-2.

	2γ (°)	f_{KB} (mm)
$c_{N,1}$	171,2	1,7
$c_{N,2}$	162,8	3,3
$c_{N,3}$	158,2	4,2
$c_{N,4}$	150,1	5,8
$c_{N,5}$	147,7	6,3
$c_{N,6}$	137,5	8,4
$c_{N,7}$	119,9	12,5

Tabelle 4-5 *Erfaßter Bildwinkel 2γ und entsprechende Kleinbildbrennweite f_{KB} (c_N = 43.3 mm) (Negativformate siehe S. 138)*

Die Werte für die korrespondierenden Kleinbildbrennweiten f_{KB} liefert die Gleichung (siehe Kap. 3.7)

$$f_{KB} = \frac{c_{N,KB}}{2 \tan\gamma} \qquad c_{N,KB} = 43.3 \text{ mm} \quad .$$

5 Blendenkonstruktion

Neben der Kameralänge ist der zweite maßgebliche Parameter einer Lochkamera die charakteristische Größe der Blendenöffnung. Daher ist neben der genauen Dimensionierung der Kameralänge die der Blendenöffnung entscheidend für die Abbildungsqualität.

Das Material der Blende sollte so dünn wie möglich sein, um Vignettierung zu vermeiden. Vignettierung verursacht zum Bildrand hin einen Beleuchtungsstärkeabfall, der durch eine Abschattung, bedingt durch die Innenkante der Blendenöffnung, verursacht wird (Abb. 5-1). Dieser Effekt ist mit der natürlichen Helligkeitsabnahme nicht zu verwechseln (siehe Kapitel 3.7 bzw. 4.7).

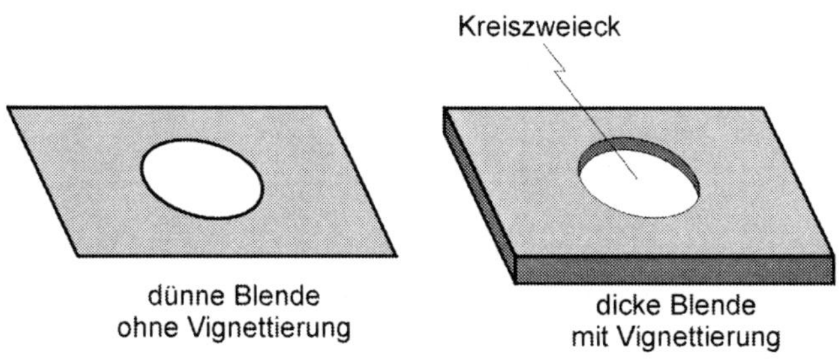

Abb. 5-1 *Vignettierung durch dicke Blenden*

Bezeichnet man mit α den Winkel, der den Abstand von der optischen Achse charakterisiert (Abb. 5-2), so wird bei jeder dicken Kreisblende die wirksame Blendenöffnung mit wachsendem Winkel α zu einem Kreiszweieck deformiert, dessen Fläche mit α abnimmt. Als Kreiszweieck bezeichnet man eine Fläche, deren Ränder von zwei Kreisbögen bestimmt werden. Der Deformationseffekt verstärkt sich mit der Dicke des Blendenmaterials und tritt unabhängig von der Geometrie der Öffnungsform auf, d.h. er wird auch bei quadratischen Blendenöffnungen erscheinen. Je dünner das Blendenmaterial ist, desto geringer wird sich ein Vignettierungseffekt bemerkbar machen.

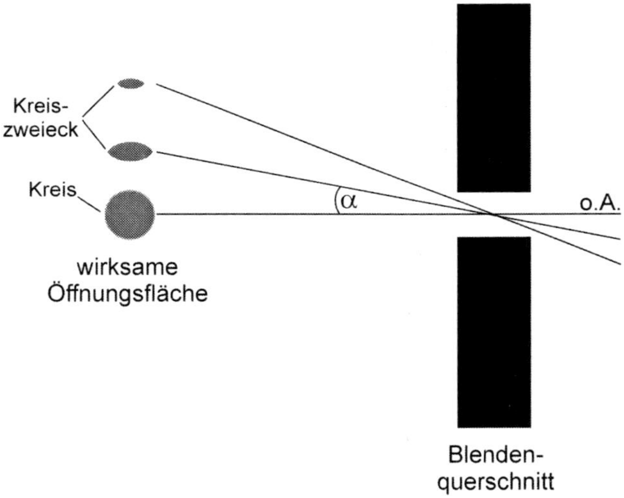

Abb. 5-2 *Änderung der wirksamen Öffnungsfläche einer Kreisblende in Abhängigkeit des Winkles α (o.A. : optische Achse)*

Wegen der geringen Dicke ist Aluminiumfolie als Blendenmaterial im Prinzip gut geeignet. Sticht man jedoch mit Hilfe einer Nadel ein Loch in die Folie, so wird dabei kein Material entfernt sondern nach außen gerückt, so daß ein verdickter Rand entsteht. Wird dieser zur Verringerung der Vignettierung zusammengedrückt, so deformiert sich in der Regel der kreisförmige Einstich. Durch dieses Verfahren wird eine Kreisform und damit ein definierter Öffnungsdurchmesser nur durch viele Versuche erreichbar sein und ist im wesentlichen dem Zufall überlassen.

Aufwendiger aber genauer ist die Herstellung einer Blende mit quadratischer Öffnung mittels Rasierklingen. Es werden zwei Klingen benötigt, die längs halbiert werden. Der Stahl ist so dünn, daß eine Haushaltsschere zum Schneiden geeignet ist. Jeweils zwei der entfetteten Rasierklingenhälften werden im rechten Winkel zueinander z.B. mit Sekundenkleber dauerhaft verbunden (Abb. 5-3). Die beiden Teile werden dann, in der Mitte eine quadratische Öffnung bildend, zusammengeschoben und mit einem schwachen Kleber, z.B. mit einem Klebestift, fixiert. Die zwei Teile sind somit verschiebbar und die Kantenlänge der Öffnung läßt sich korrigieren.

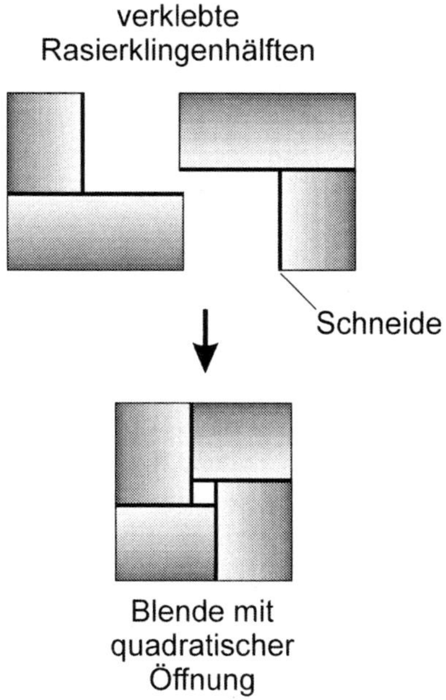

Abb. 5-3 *Aus Rasierklingenhälften hergestellte Blende*

Die Vermessung der Öffnung geschieht am einfachsten unter einem Mikroskop mit kalibriertem Okularmikrometer. Die Kantenlänge läßt sich direkt ablesen.

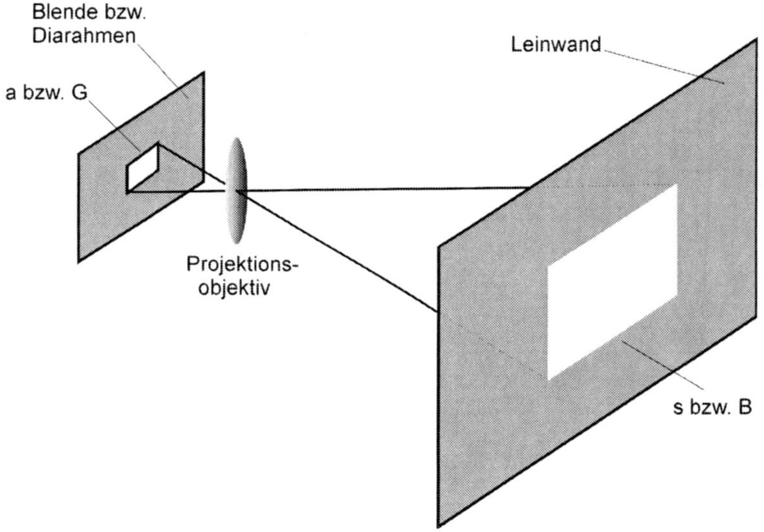

Abb. 5-4 *Vermessung einer Blendenöffnung mittels Diaprojektor*

Da diese Vermessungsmethode eine technische Ausstattung erfordert, die in der Regel nicht verfügbar ist, soll ein weiteres Verfahren zur genauen Kantenlängenbestimmung mittels eines Diaprojektors vorgestellt werden. Hierbei wird ein leeres Diarähmchen mit der Öffnungskantenlänge G scharf an eine Leinwand projiziert. Zur Verringerung von Meßfehlern stellt man die Leinwand in möglichst großer Entfernung zum Projektor auf. Die auf der Leinwand abgebildete Öffnung habe die Seitenlänge B. Der Abbildungsmaßstab zwischen Objekt (Öffnung des Diarahmens) und

Bild ist damit M = B / G. Nun wird in das Rähmchen die aus Rasierklingen gefertigte Blende eingesetzt, wobei der Abbildungsmaßstab M erhalten bleibt. Die Seitenlänge der Öffnungsabbildung auf der Leinwand sei s (Abb. 5-4). Für die gesuchte Kantenlänge a der Blende folgt nun :

$$M = \frac{B}{G} = \frac{s}{a}$$

$$\rightarrow \qquad \boxed{a = s\frac{G}{B} = \frac{s}{M}} \qquad (5\text{-}1)$$

Dieses Meßverfahren liefert relativ genaue Ergebnisse. Der relative Größtfehler von a beträgt

$$\frac{\Delta a}{a} = \frac{\Delta s}{s} + \frac{\Delta B}{B} + \frac{\Delta G}{G} \qquad .$$

Bestimmt man an der Leinwand die Größen s und B mit einem Fehler von wenigen Millimetern und G z.B. mittels einer Schiebleere mit einem Fehler von ca. 1/10 mm, so ergibt sich typischerweise ein relativer Größtfehler $\Delta a/a$ von ca. 1%.

Da die Blendenteile nur leicht verklebt sind, können diese für Korrekturen verschoben werden. Ist die gewünschte Kantenläge hergestellt, können die zwei Blendenelemente z.B. am Rand mit zwei weiteren Rasierklingenhälften, die die Elemente verbinden, endgültig verklebt werden. Zur Vermeidung störender Reflexe sollte die Blende über einer Kerzenflamme verrußt werden.

6 Meßergebnisse

Im folgenden soll dargestellt werden, wie die wichtigsten theoretischen Ergebnisse experimentell überprüft werden können. Insbesondere soll gezeigt werden, daß die charakteristische Größe einer Punktabbildung und der Abstand zweier Punktabbildungen bzw. Linien äquivalente Aussagen liefern. Außerdem wird die Modulationsübertragungsfunktion untersucht, die ein Testverfahren für die Abbildungsqualität liefert.

6.1 Linientrennung

Die grundlegenden Gleichungen (4-1) und (4-5) beschreiben die charakteristische Größe einer Punktabbildung für Blenden mit quadratischer Öffnung aus Sicht der geometrischen Optik und der Wellenoptik. Um die Gleichungen zu verifizieren, wurde mit fünf unterschiedlichen Blenden quadratischer Öffnung ein Testmotiv unter gleichen Randbedingungen fotografiert. Als Motiv dienten weiße Flächen auf schwarzem Grund mit unterschiedlichen Abständen s, wie es die Abbildung 6-1 zeigt. Auf dem Negativ wurde derjenige Abstand ermittelt, bei dem eine schwarze Linie gerade noch erkennbar war.

Die Kameralänge betrug b = 46 mm, die Gegenstandsweite g = 4.60 m, so daß sich ein Abbildungsmaßstab M = b / g von 0.01 ergab. Mit λ = 550 nm folgt somit für die Zahlenwertgleichungen $\delta(a)$ und $\delta_A(a)$ aus den Gleichungen (4-1) bzw. (4-5) :

$$\delta(a) = 1.428\,a \qquad (6\text{-}1)$$

und

$$\delta_A(a) = \frac{7.16 \cdot 10^{-2}}{\sqrt{a^2 - 3.025 \cdot 10^{-7}}} \qquad (6\text{-}2)$$

($\delta(a)$, $\delta_A(a)$ und a in mm)

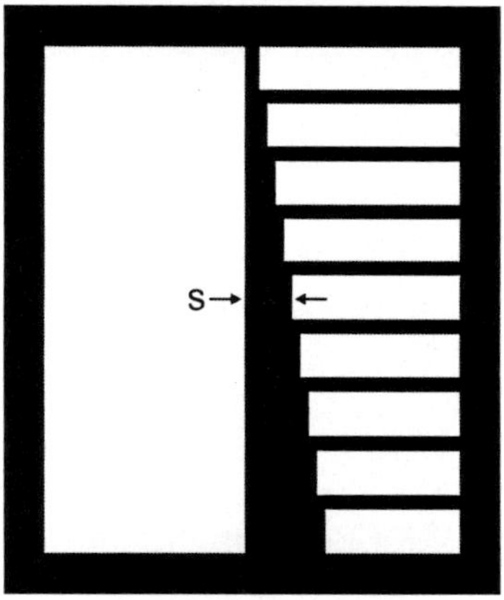

Abb. 6-1 *Testmotiv*

Die Tabelle 6-1 zeigt die theoretischen Punktabbildungsdiagonalen für die fünf benutzten Blenden der Kantenlänge a. Hinsichtlich der geometrischen und wellenoptischen Unschärfe ist jeweils der größere Wert $\delta(a)$ bzw. $\delta_A(a)$, die fett gedruckt sind, physikalisch relevant. Eine quadratische Blende mit einer Kantenlänge von z.B. 0.36 mm liefert unter den gegebenen Versuchsbedingungen nach Gleichung (6-1) eine Punktabbildung mit einer Diagonalen von 0.514 mm. Flächen, die auf dem Negativ diesen Abstand aufweisen, sollten daher gerade noch getrennt werden können.

a	$\delta(a)$	$\delta_A(a)$
0,08	0,114	**0,895**
0,16	0,229	**0,448**
0,28	**0,400**	0,256
0,36	**0,514**	0,199
0,44	**0,629**	0,163

Tabelle 6-1 *Berechnete Punktabbildungsdiagonalen $\delta_A(a)$ und $\delta(a)$ für fünf Blendenöffnungen der Kantenlänge a (Angaben in mm)*

Als Abstände s wurden hinsichtlich des Abbildungsmaßstabs M = 0.01 Werte zwischen 20 mm und 100 mm mit Schrittweiten von 10 mm gewählt (Abb. 6-1). Mit s = 20 mm korreliert also der Abstand δ = 0.2 mm auf dem Negativ. Weiße Flächen im Abstand von z.B. s = 40 mm sollten durch eine Blende mit einer Kantenlänge von a = 0.28 mm gerade noch getrennt werden (siehe Tabelle 6-1).

Die Negative wurden unter einem Mikroskop betrachtet. Die visuelle Beurteilung der Auflösungsgrenze lieferte Ergebnisse, die aufgrund des fließenden Übergangs zwischen deutlicher Auflösung und Verschmieren der Flächen mit einem relativ großen Fehler behaftet sind. In der Abbildung 6-2 sind die theoretischen Kurven $\delta(a)$ und $\delta_A(a)$ sowie die Meßergebnisse dargestellt. Im Rahmen der Fehlergrenzen stimmen die Meßergebnisse mit den theoretischen Werten überein.

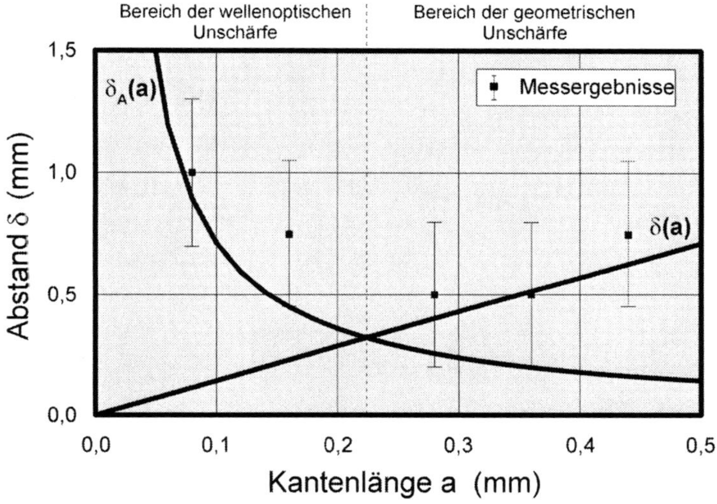

Abb. 6-2 *Meßergebnisse für fünf Blenden mit quadratischer Öffnung*
Abstand δ auf dem Negativ korreliert mit Abstand s des Motivs (Abb. 6-1)
(b = 46 mm, g = 4.60 m, λ = 550 nm)

6.2 Modulationsübertragungsfunktion

Ein Testmotiv, bestehend aus schwarzen und weißen Linien mit unterschiedlichen Abständen (Abb. 6-3), wurde unter den vorher beschriebenen Bedingungen (M = 0.01) fotografiert. Hierzu wurden drei Blenden mit quadratischer Öffnung (a = 0.08 mm, 0.28 mm und 0.44 mm) benutzt. Die

Negative wurden unter einem Mikroskop untersucht. Dabei konnte mit Hilfe eines Fotowiderstandes die Variation der Negativdichte bestimmt werden. Da das verwendete Negativmaterial (Agfa APX 100) über einen weiten Dichtebereich eine lineare Kennlinie besitzt, können die Negativdichten bei der benutzten Belichtungszeit von 1/30 s als Maß für die auftreffenden Bestrahlungsstärken angesehen werden.

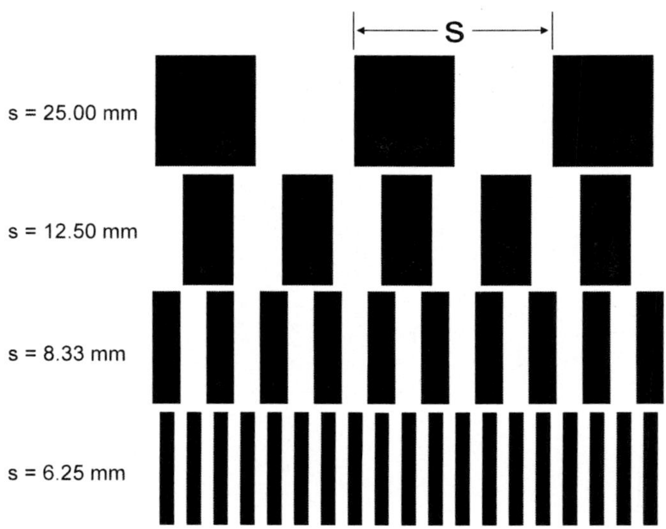

Abb. 6-3 *Testmotiv*

Den maximalen Schwankungsbereich zwischen Funktionswerten um deren Mittelwert, $(F_{max} - F_{min}) / 2$, dividiert durch diesen Mittelwert, $(F_{max} + F_{min}) / 2$, bezeichnet man als Kontrast oder **Modulation** M :

$$M = \frac{F_{max} - F_{min}}{F_{max} + F_{min}} \qquad (6\text{-}3)$$

Die Modulation ist ein Maß dafür, wie deutlich die Schwankungen, beschrieben durch den maximalen und minimalen Funktionswert F_{max} und F_{min}, vor der Grundhelligkeit (Mittelwert) zu unterscheiden sind. Die Modulation ist eine dimensionslose Größe. Die Extremwerte der Negativdichte kennzeichnen die Bildmodulation M_B. Die Extremwerte des Testmotivs kennzeichnen die Objektmodulation M_O, die eins gesetzt wird ($F_{max} = 1$, $F_{min} = 0$). Der Quotient

$$T = \frac{M_B}{M_O} \tag{6-4}$$

wird als **Modulationsübertragungsfaktor** T definiert. Im Idealfall ist T = 1, d.h. der Bildkontrast entspricht dem Motivkontrast. In der Realität ist T stets kleiner als eins. Je größer T ist, desto besser ist die Abbildungsleistung zu bewerten. Die Größe T ist ein hilfreicher Parameter bei der Beurteilung der Abbildungsgüte für eine feste Raumfrequenz ν_R. Als Raumfrequenz bezeichnet man die Anzahl der auf die Negativebene bezogenen Linienpaare pro mm. Hinsichtlich des Testmotivs mit z.B. s = 12.50 mm und M = 0.01 bedeutet das $\nu_R = (s\ M)^{-1} = 8\ mm^{-1}$.

Bestimmt man nun den Modulationsübertragungsfaktor für viele Raumfrequenzen, dann erhält man einen guten Überblick über das optische Verhalten eines Systems für einen Frequenzbereich und nicht nur für eine einzige Frequenz. Als **Modulationsübertragungsfunktion** MTF ("modulation transfer function") bezeichnet man die Funktion $T(\nu_R)$:

$$\boxed{MTF = T(\nu_R)} \tag{6-5}$$

Die Güte einer Modulationsübertragungsfunktion wird durch den Abstand zwischen ihr und der konstanten Funktion 1 gegeben. Je kleiner dieser Abstand ist, um so besser ist die

Modulationsübertragungsfunktion bzw. die optische Qualität des Systems. Im Idealfall ist die MTF = 1.

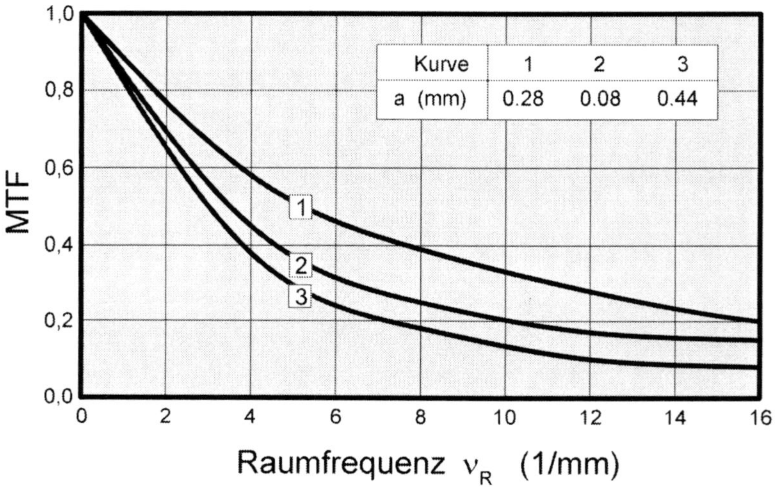

Abb. 6-4 *Modulationsübertragungsfunktionen dreier Blenden mit quadratischer Öffnung*

Die Abbildung 6-4 zeigt die Graphen der MTFs für drei Blenden. Die untersuchten Raumfrequenzen betrugen ν_R = 4 mm^{-1}, 8 mm^{-1}, 12 mm^{-1} und 16 mm^{-1} (siehe Abb. 6-3). Wie erwartet liefert die Blende mit a = 0.28 mm die beste MTF. Die Abbildung 6-2 zeigt, daß diese Blende den geringsten Abstand zum Schnittpunkt aus $\delta_A(a)$ und $\delta(a)$ besitzt und daher theoretisch die beste Abbildungsleistung aller verwendeten Blenden liefert.

7 Strahlungsverteilung

In den Kapiteln 3 und 4 wurden in Abhängigkeit des Negativformats optimale Kameraparameter vor dem Hintergrund des physiologischen Grenzwinkels und der typischen Betrachtungsweite berechnet. Dazu dienten Gesetzmäßigkeiten aus der geometrischen Optik und der Wellenoptik. Weiter wurde festgehalten, daß Blenden mit quadratischer Öffnung praktische Vorteile hinsichtlich ihrer Herstellung und Vignettierung gegenüber Blenden mit Kreisöffnung besitzen. Aus theoretischer Sicht wäre es allerdings interessant, die unterschiedlichen Beugungsmuster, die die beiden Blendenarten hervorrufen, bezüglich ihrer Strahlungsverteilung zu untersuchen. Die Abbildungsqualität wird um so besser, je dominanter das Hauptmaximum, d.h. je geringer der Anteil der Nebenmaxima an der auf das Negativ fallenden Gesamtstrahlung ist. Ideal wäre also ein Beugungsmuster, bei dem sich im wesentlichen die gesamte Strahlung im Zentrum konzentrieren würde. Anders ausgedrückt bedeutet das, je größer der Anteil der Nebenmaxima und je geringer der Intensitätsabfall nach außen hin ist, desto verschmierter wird ein Punkt abgebildet. Um diesen Sachverhalt bei quadratischen und kreisförmigen Blendenöffnungen zu untersuchen, wird das Integral über die Intensitäten beider Beugungsmuster (Gl. 3-4 bzw. 4-3) berechnet. Dies geschieht abschnittsweise, d.h. es wird über das Hauptmaximum bzw. über die Nebenmaxima integriert. Der Flächeninhalt einzelner Nebenmaxima relativ zum Flächeninhalt des Hauptmaximums liefert ein Maß für die Strahlungsverteilung bzw. Dominanz des Hauptpeaks.

Für Blenden mit kreisförmiger Öffnung muß daher folgendes Integral berechnet werden :

$$\int_{a_n}^{a_{n+1}} \frac{I(\Theta)}{I(0)}\, d\Theta = \int_{a_n}^{a_{n+1}} \left(\sum_{j=0}^{\infty} \frac{(-1)^j \, (k \cdot D/4 \cdot \sin\Theta)^{2j}}{j!\,(j+1)!} \right)^2 d\Theta$$

Die Integrationsgrenzen a_n und a_{n+1} ergeben sich aus den Nullstellen der Besselfunktion $J_1(u)$. Die ersten fünf Nullstellen von $J_1(u)$ sind $u_{0,1} = 3.832$, $u_{0,2} = 7.016$, $u_{0,3} = 10.173$, $u_{0,4} = 13.324$ und $u_{0,5} = 16.740$. Da $u = k \cdot D/2 \cdot \sin\Theta$ ist, folgt für die Integrationsgrenzen $a_n = \arcsin(u_{0,n}/(k \cdot D/2))$. Hinsichtlich des Hauptmaximums (Airy-Scheibe) wird von 0 bis zum ersten Nulldurchgang $a_1 = \arcsin(3.832/(k \cdot D/2))$ integriert. Die Integration wurde numerisch durchgeführt, indem die Riemann-Summen betrachtet wurden. Wegen des sehr schwachen Konvergenzverhaltens des Integranden wurden neben dem Hauptmaximum nur die Flächeninhalte der ersten vier Nebenmaxima berechnet. Als Blendendurchmesser D wurde der Wert 0.448 mm (siehe Tabelle 3-2) benutzt. Die Flächenverhältnisse der Nebenmaxima zur Airy-Scheibe sind invariant gegenüber dem Blendenöffnungsdurchmesser.

Für die Untersuchung der Strahlungsverteilung bei quadratischen Öffnungen muß folgendes Integral numerisch berechnet werden :

$$\int_{a_n}^{a_{n+1}} \frac{I(0,z)}{I(0)}\, dz = \int_{a_n}^{a_{n+1}} \left(\frac{\sin(\pi a z/\lambda \sqrt{b^2 + z^2})}{\pi a z/\lambda \sqrt{b^2 + z^2}} \right)^2 dz$$

Auch hier stellen die Integrationsgrenzen a_n und a_{n+1} die Nullstellen $z_{0,n}$ des Integranden dar :

$$z_{0,n} = \frac{n\,\lambda\,b}{\sqrt{a^2 - n^2\,\lambda^2}} \qquad n = 1, 2, 3, \ldots$$

Das Integral von 0 bis $z_{0,1}$ liefert die Fläche unter dem Hauptmaximum. Aufgrund der Symmetrie des Beugungsmusters (siehe Abb. 4-2) liefern die Berechnungen längs der y-Achse und längs der z-Achse dieselben Ergebnisse. Wie jene Abbildung zeigt, befinden sich entlang der Winkelhalbierenden ebenfalls nicht zu vernachlässigende Nebenmaxima, die durch obige Integration nicht erfaßt werden. Diese Diagonalelemente des Beugungsmusters werden durch den Ansatz $y = z = w$ mit Hilfe des Integrals

$$\int_{a_n}^{a_{n+1}} \frac{I(w,w)}{I(0)}\,dw = \int_{a_n}^{a_{n+1}} \left(\frac{\sin(\pi\,a\,w/\lambda\sqrt{b^2 + 2w^2})}{\pi\,a\,w/\lambda\sqrt{b^2 + 2w^2}} \right)^4 dw$$

bestimmt (siehe Gl. 4-3). Die Integrationsgrenzen a_n und a_{n+1} stellen die Nullstellen $w_{0,n}$ des Integranden dar :

$$w_{0,n} = \frac{n\,\lambda\,b}{\sqrt{a^2 - 2n^2\,\lambda^2}} \qquad n = 1, 2, 3, \ldots$$

Die Abbildung 7-1 zeigt die Ergebnisse für die ersten vier Nebenmaxima. So ergibt sich z.B., daß bei einer Kreisblende die erste Nebenmaximumfläche nur. ca. 1.7% gegenüber der Airy-Scheibe, die mit 100% gewichtet wird, ausmacht. Der entsprechende Wert bei einer quadratischen Öffnung liegt bei ca. 5.2%. Die Nebenmaxima auf der Diagonalen sind deutlich schwächer ausgeprägt, dort liegen die Werte für die Nebenmaximaflächeninhalte bei 0.0025%, 0.0003%, 0.00007% und 0.00003%.

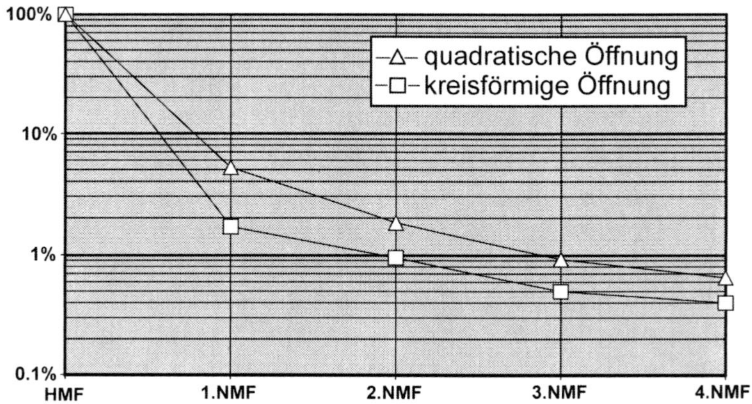

Abb. 7-1 *Anteil der Nebenmaximaflächen (NMF) relativ zur Hauptmaximumfläche (HMF = 100%)*

Zusammenfassend kann festgestellt werden, daß die Beugungsmuster von Kreisblenden dominantere Zentralmaxima als die quadratischer Öffnungen besitzen. Hinsichtlich der Abbildungsqualität sind daher kreisförmige Blendenöffnungen den quadratischen, bei der die Verschmierung einer Punktabbildung stärker ausgeprägt ist, vorzuziehen. Allerdings differieren die Stahlungsverteilungen nicht derart stark, daß vom Gebrauch quadratischer Öffnungen abgesehen werden muß. Immerhin ist der Flächeninhalt des Hauptmaximums ca. 20 mal größer als der des ersten Nebenmaximums. Dieser Wert liegt bei den Beugungsmustern von Kreisblenden bei ca. 50.

8 Hinweise zum Lochkamerabau

Das Ziel dieses Buches ist es, die physikalischen Hintergründe des Abbildungsvorgangs und die Optimierung der Lochkameraparameter darzustellen. Daher soll hier keine exakte Bauanleitung sondern lediglich einige Hinweise zur Herstellung gegeben werden.

Die Ergebnisse der vorangegangenen Kapitel zeigen, daß optimierte Lochkameras mit kleinen Negativformaten aufgrund ihrer geringen Kameralängen und der damit verbundenen sehr großen Bildwinkel und starken natürlichen Helligkeitsabnahme zu den Negativecken hin wenig praktikabel sind. Geeigneter sind große Planfilmformate, deren Verarbeitung jedoch gegenüber dem Kleinbildformat aufwendiger ist [5]. Große Negativformate besitzen aber den Vorteil, daß ein Vergrößerer überflüssig wird, da Kontaktabzüge der Negative hinsichtlich ihrer Größe brauchbare Positive ergeben. Eine optische Bank wäre die ideale Lochkamera, wobei die Objektivplatte als Halterung für die Blende benutzt wird. Aufgrund der geringen Kameralängen bei der optimierten Lochkamera kann es aber je nach Bauweise der Bank zu Problemen kommen, da sich der Balgen zwischen Negativ- und Objektivstandarte nicht beliebig zusammenschieben läßt. Akzeptiert man ein nicht optimales Auflösungsvermögen, bedingt durch eine beliebige Kameraverlängerung, und nutzt die Ergebnisse der Kapitel 3.4 bzw. 4.4, so ist eine optische Bank oder auch eine Laufbodenkamera sehr gut geeignet.

Wünscht man eine optimale Konfiguration, so kommt eine Holzkonstruktion in Frage. Hier bieten sich z.B. massive MDF-Platten an, die verleimt und innen zur Vermeidung störender Reflexe mattschwarz gestrichen werden. Die Planfilmkassette bildet bei der Konstruktion die Rückwand. An der Frontplatte wird im Innenraum der Kamera hinter einer Bohrung die Blende befestigt. Die Bohrung muß zur Vermeidung von Vignettierung groß ausfallen. Da aufgrund der langen Belichtungszeiten kein exakter Verschlußmechanismus benötigt wird, eignet sich ein aus schwarzer Pappe gefertigter und an die Bohrung angepaßter Deckel, der manuell zur Belichtung abgenommen und aufgesetzt wird. Die Planfilmkassette muß lichtdicht mit dem Holzgehäuse abschließen. Als Dichtungsmaterial eignet sich schwarzer Samt, der an die Holzkanten angebracht wird. Schmale Holzleisten zur leichteren Positionierung der Kassette werden an zwei angrenzende Seiten des Gehäuses angeleimt. Über einen Gummizug kann die Kassette am Gehäuse befestigt werden. Nach Herausziehen des Kassettenschiebers wird der Frontdeckel zur Belichtung entfernt und wieder aufgesetzt. Ein Stativgewinde, das im Fachhandel erhältlich ist, kann in eine Bohrung im Zentrum der Unterseite eingefügt werden. Alternativ bieten sich sogenannte Schnellspannverschlüsse an, bestehend aus einem am Stativ angebrachten Arretiermechanismus und einer am Gehäuse befestigten sogenannten Kameraplatte. Eine einfache und schnelle Stativbefestigung wird so möglich.

9 Zusammenfassung

Vor dem Hintergrund des Augenauflösungsvermögens und der Annahme, daß ein Bild aus einem von der Bildgröße abhängigen typischen Abstand betrachtet wird, wurde die Abbildungsleistung einer Lochkamera theoretisch untersucht. Zur Abbildungsoptimierung wurden dabei die Kameralänge und die charakteristische Größe der Blendenöffnung in Abhängigkeit des Negativformats aufeinander abgestimmt.

Anknüpfungspunkt der Überlegungen war die Abbildung eines Objektpunktes, dessen geometrische und wellenoptische Unschärfe untersucht wurde. Die optimalen Kameraparameter konnten durch Kombination der Ergebnisse aus den geometrischen und wellenoptischen Betrachtungen gewonnen werden. Dies geschah für kreisförmige und quadratische Blendenöffnungen. Dabei zeigte sich, das Lochkameras mit einer Kreisblende prinzipiell bessere Auflösungseigenschaften als jene mit quadratischer Öffnung aufweisen.

Die Kameralängen werden erst bei Anwendung großer Negativformate praktikabel, die charakteristische Größe der Blendenöffnung liegt dort bei 0.3 - 0.4 mm. Es wurde weiterhin untersucht, inwieweit sich die Abbildungsleistung bei Anwendung beliebiger, von den Optimalwerten abweichender Kameraparameter verschlechtert.

Die aus der Praxis bekannte Tatsache des sehr großen Tiefenschärfebereichs der Lochkameras konnte durch theoretische Überlegungen nachvollzogen werden. Der Nahpunkt liegt bei Kameras mit großen Negativformaten bei wenigen Metern.

Aufgrund der kleinen Blendenöffnungen sind die Lichtstärken der optimierten Kameras sehr gering. Die Blendenzahlen betragen für eine (8 x 10) inch^2 - Kamera 343 (kreisförmige Öffnung) bzw. 259 (quadratische Öffnung). Typische Belichtungszeiten liegen hier bei normalem Tageslicht unter Berücksichtigung des Schwarzschild-Effekts im Minuten-Bereich.

Lochkameras mit quadratischer Öffnung sind zwar unüblich, haben aber in der Praxis ihre Existenzberechtigung. Da die Herstellung sehr kleiner Kreisöffnungen unter Vermeidung von Vignettierung und unter Einhaltung einer Fehlertoleranz von einigen Prozent schwierig ist, wurde auf die theoretische Behandlung und die technische Konstruktion quadratischer Blendenöffnungen mit Hilfe von Rasierklingen Wert gelegt. Dabei wurde auch die genaue Vermessung der Öffnung mittels eines Diaprojektors beschrieben. Rechnungen zeigten, daß der Strahlungsabfall des Beugungsmusters weniger stark ausgeprägt ist als bei Kreisblenden, das Zentralmaximum zeigt sich aber dennoch als äußerst dominanter Peak.

Einige theoretische Ergebnisse wurden durch verschiedene Meßreihen verifiziert. Die Modulationsübertragungsfunktion diente dabei als Testverfahren für die Abbildungsleistung einer Lochkamera.

10 Physikalische Symbole und Tabellenverzeichnis

Da sowohl für Blenden mit kreisförmiger als auch mit quadratischer Öffnung Untersuchungen aus geometrischer und wellenoptischer Sicht durchgeführt wurden, ergibt sich eine Vielzahl unterschiedlicher Symbole. Die folgende Skizze verdeutlicht noch einmal die wichtigsten Zusammenhänge der charakteristischen Größen.

kreisförmige Blendenöffnung

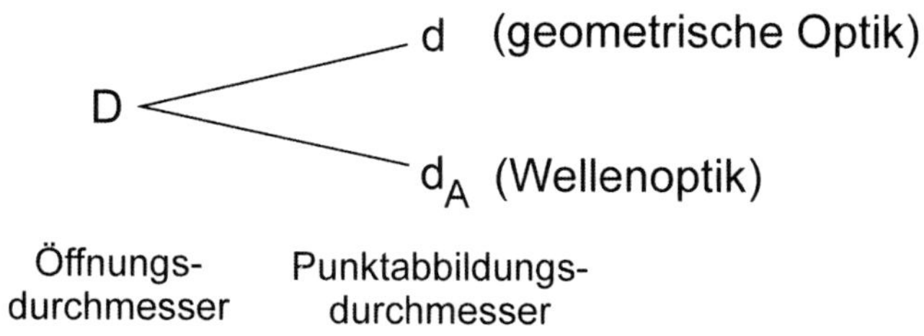

quadratische Blendenöffnung

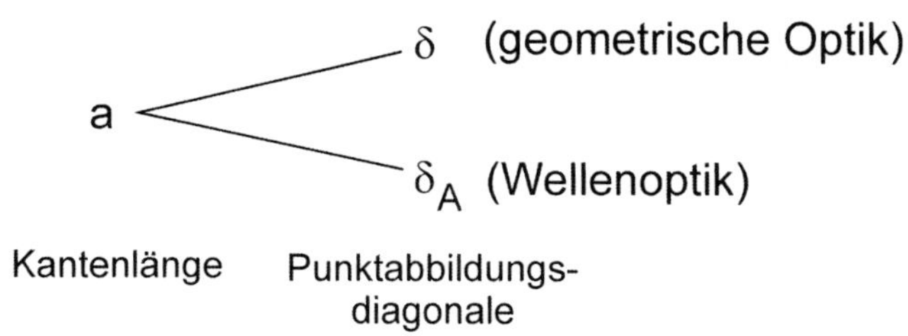

A	Auflösungsvermögen
a	Kantenlänge einer quadratischen Blendenöffnung
a_{bel}	beliebige Kantenlänge einer quadratischen Blendenöffnung
a_{max}	maximal erlaubte Kantenlänge einer quadratischen Blendenöffnung hinsichtlich optimaler Abbildung
a_{min}	minimal erlaubte Kantenlänge einer quadratischen Blendenöffnung hinsichtlich optimaler Abbildung
a_{opt}	optimale Kantenlänge einer quadratischen Blendenöffnung
B	Bildgröße
b	Kameralänge (Bildweite)
b_{bel}	beliebige Kameralänge
b_{opt}	optimale Kameralänge
c_N	Negativdiagonale
c_P	Positivdiagonale
D	Durchmesser einer kreisförmigen Blendenöffnung
D_{bel}	beliebiger Öffnungsdurchmesser einer kreisförmigen Blendenöffnung
D_{max}	maximal erlaubter Öffnungsdurchmesser hinsichtlich optimaler Abbildung für kreisförmige Blendenöffnung
D_{min}	minimal erlaubter Öffnungsdurchmesser hinsichtlich optimaler Abbildung für kreisförmige Blendenöffnung
D_{opt}	optimaler Öffnungsdurchmesser für kreisförmige Blendenöffnung
d	Punktabbildungsdurchmesser aus geometrischer Sicht für kreisförmige Blendenöffnung
d_A	Durchmesser einer Airy-Scheibe
d_{bel}	mit D_{bel} bzw. b_{bel} korrelierender Punktabbildungsdurchmesser
d_{max}	maximal erlaubter Punktabbildungsdurchmesser hinsichtlich optimaler Abbildung
d_{min}	Auflösungsgrenze
$d_{N,min}$	Auflösungsgrenze bzgl. Negativ
$d_{P,min}$	Auflösungsgrenze bzgl. Positiv

d	Auflösungsbedingung (d = $1.4 \cdot 10^{-4}$ c_N)
$\mathfrak{D}$	Durchmesser einer Kreisöffnung der Fläche a^2
E	Bestrahlungsstärke
f	Brennweite
f / #	Blendenzahl
G	Gegenstandsgröße
g	Gegenstandsweite
g_{Nah}	Nahpunkt (Gegenstandsweite, ab der ein scharfes Bild entsteht)
g_{ty}	typische Betrachtungsweite
H	Belichtung
$I(\Theta)$	Intensitätsverteilung eines Beugungsmusters bei einer kreisförmigen Blendenöffnung
I(x, y)	Intensitätsverteilung eines Beugungsmusters bei einer quadratischen Blendenöffnung
$J_n(u)$	Bessel-Funktionen 1.Art, n-ter Ordung
K	Konstante
K_1	Konstante
K_2	Konstante
k	Wellenzahl (k = 2π / λ)
L	Lichtstärke
L_{LK}	Lichtstärke der Lochkamera
M	Abbildungsmaßstab
MTF	Modulationsübertragungsfunktion
$\mathcal{M}$	Modulation (Kontrast)
o.A.	optische Achse
T	Modulationsübertragungsfaktor
t	Zeit
t_{LK}	auf die Lochkamera abgestimmte Belichtungszeit
α	Seitenlänge einer quadratischen Punktabbildung aus geometrischer Sicht
α_{ty}	Blickwinkel bzgl. g_{ty}
δ	Diagonale einer quadratischen Punktabbildung aus geometrischer Sicht

δ_A	Diagonale des zentralen Beugungsmaximums bei einer quadratischen Öffnung
δ_{max}	maximal erlaubte Punktabbildungsdiagonale hinsichtlich optimaler Abbildung
γ	halber Bildwinkel
λ	Wellenlänge
ν_R	Raumfrequenz
Ω	Raumwinkel
$\Gamma(h)$	Gamma-Funktion

Negativformate :

$c_{N,1}$	=	43,3 mm	;	Negativformat (24 x 36) mm^2
$c_{N,2}$	=	84,9 mm	;	Negativformat (6 x 6) cm^2
$c_{N,3}$	=	108,2 mm	;	Negativformat (6 x 9) cm^2
$c_{N,4}$	=	150,0 mm	;	Negativformat (9 x 12) cm^2
$c_{N,5}$	=	162,6 mm	;	Negativformat (4 x 5) $inch^2$
$c_{N,6}$	=	218,5 mm	;	Negativformat (5 x 7) $inch^2$
$c_{N,7}$	=	325,3 mm	;	Negativformat (8 x 10) $inch^2$

(1 inch = 25.4 mm)

Tabellenverzeichnis :

a) Kreisförmige Blendenöffnung

b) Quadratische Blendenöffnung

c) Meßergebnisse

11 Kameraparametergleichungen

Die folgende Zusammenfassung zeigt noch einmal alle die zur Bestimmung der Kameraparameter notwendigen Gleichungen. Die mit einem * gekennzeichneten Gleichungen bzw. Optimierungsrichtlinien liefern Kameraparameter, die die Auflösungsbedingung d nicht erfüllen und damit keine optimale, aber für die vorgegebenen Bedingungen bestmögliche Abbildungsqualität liefern.

Kreisförmige Blendenöffnung

Optimale Parameter b_{opt}, D_{opt}

$g \neq \infty$

$$b_{opt} = \frac{g}{2}\left(\sqrt{1 + 3.2 \cdot 10^{-6}\,\frac{c_N^2}{\lambda\, g}} - 1\right)$$

$g \neq \infty$

$$D_{opt} = 1.4 \cdot 10^{-3}\,\frac{c_N}{1 + b_{opt}/g} = 1743\,\frac{\lambda\, b_{opt}}{c_N}$$

$g = \infty$

$$b_{opt} = 8 \cdot 10^{-7}\,\frac{c_N^2}{\lambda}$$

$g = \infty$

$$D_{opt} = 1.4 \cdot 10^{-3}\, c_N$$

Beliebige Parameter b_{bel} , D_{bel}

a) Beliebige Kameralänge b_{bel} vorgegeben

$g \neq \infty$

$$D_{bel} \in \left[1743 \frac{\lambda\, b_{bel}}{c_N} \,,\, \frac{1.4 \cdot 10^{-3}\, c_N}{1 + b_{bel}/g} \right]$$

$b_{bel} \in \,]\, 0 \,,\, b_{opt} \,]$

$g \neq \infty$

$$D_{bel} = \sqrt{\frac{2.44\, \lambda\, b_{bel}}{1 + b_{bel}/g}} \quad *$$

$b_{bel} \in \,]\, b_{opt} \,,\, \infty \,[$

$g = \infty$

$$D_{bel} \in \left[1743 \frac{\lambda\, b_{bel}}{c_N} \,,\, 1.4 \cdot 10^{-3}\, c_N \right]$$

$b_{bel} \in \,]\, 0 \,,\, b_{opt} \,]$

$g = \infty$

$$D_{bel} = \sqrt{2.44\, \lambda\, b_{bel}} \quad *$$

$b_{bel} \in \,]\, b_{opt} \,,\, \infty \,[$

b) Beliebiger Öffnungsdurchmesser D_{bel} vorgegeben

$g \neq \infty$

$$b_{bel} = 5.74 \cdot 10^{-4} \frac{D_{bel}\, c_N}{\lambda}$$

$D_{bel} \in \,]\, 0 \,,\, D_{opt} \,]$

$g \neq \infty$

$$b_{bel} = g \left(\frac{1.4 \cdot 10^{-3}\, c_N}{D_{bel}} - 1 \right)$$

$D_{bel} \in \,]\, D_{opt} \,,\, 1.4 \cdot 10^{-3}\, c_N \,]$

$g \neq \infty$ $\boxed{b_{bel} \text{ minimal}}$ *

$D_{bel} \in]\, 1.4 \cdot 10^{-3}\, c_N \,,\, \infty\, [$

$g = \infty$

$$\boxed{b_{bel} \;=\; 5.74 \cdot 10^{-4}\, \frac{D_{bel}\; c_N}{\lambda}}$$

$D_{bel} \in]\, 0 \,,\, 1.4 \cdot 10^{-3}\, c_N\,]$

$g = \infty$ $\boxed{b_{bel} \text{ minimal}}$ *

$D_{bel} \in]\, 1.4 \cdot 10^{-3}\, c_N \,,\, \infty\, [$

Quadratische Blendenöffnung

Optimale Parameter b_{opt} , a_{opt}

$g \neq \infty$

$$\boxed{b_{opt} \;=\; b_0 \;-\; \frac{f(b_0)}{f'(b_0)}}$$

mit

$$b_0 \;=\; \frac{g}{2}\left(\sqrt{1 + 1.96 \cdot 10^{-6}\, \frac{c_N^2}{\lambda\, g}} \;-\; 1\right)$$

$$f(b_0) \;=\; \lambda \sqrt{\left(2021\, b_0 / c_N\right)^2 + 1} \;-\; \frac{9.9 \cdot 10^{-4}\; c_N}{1 + b_0 / g}$$

$$f'(b_0) \;=\; \frac{4.08 \cdot 10^{6}\; b_0\; \lambda}{c_N^2 \sqrt{(2021\, b_0 / c_N)^2 + 1}} \;+\; \frac{9.9 \cdot 10^{-4}\; c_N}{g\,(1 + b_0 / g)^2}$$

$g \neq \infty$

$$a_{opt} = \lambda \sqrt{\left(2021 \frac{b_{opt}}{c_N}\right)^2 + 1} = 9.9 \cdot 10^{-4} \frac{c_N}{1 + b_{opt} / g}$$

$g = \infty$

$$b_{opt} = c_N \sqrt{\frac{9.79 \cdot 10^{-7} c_N^2 - \lambda^2}{4.08 \cdot 10^6 \lambda^2}}$$

$g = \infty$

$$a_{opt} = 9.9 \cdot 10^{-4} c_N$$

Beliebige Parameter b_{bel} , a_{bel}

a) Beliebige Kameralänge b_{bel} vorgegeben

$$a_{bel} \in \left[\lambda \sqrt{\left(2021 \frac{b_{bel}}{c_N}\right)^2 + 1} \;,\; \frac{9.9 \cdot 10^{-4} c_N}{1 + b_{bel} / g} \right]$$

$g \neq \infty$ $\qquad b_{bel} \in \,]\, 0 \,,\, b_{opt} \,]$

$$a_{bel} = \frac{1}{2} \left(\lambda \sqrt{\left(2021 \frac{b_{bel}}{c_N}\right)^2 + 1} + \frac{9.9 \cdot 10^{-4} c_N}{1 + b_{bel} / g} \right)$$ *

$g \neq \infty$ $\qquad b_{bel} \in \,]\, b_{opt} \,,\, \infty \,[$

$$a_{bel} \in \left[\lambda \sqrt{\left(2021 \frac{b_{bel}}{c_N}\right)^2 + 1} \;,\; 9.9 \cdot 10^{-4} c_N \right]$$

$g = \infty$ $\qquad b_{bel} \in \,]\, 0 \,,\, b_{opt} \,]$

$$a_{bel} = \frac{1}{2}\left(\lambda \sqrt{\left(2021 \frac{b_{bel}}{c_N}\right)^2 + 1} + 9.9 \cdot 10^{-4} c_N \right)$$ *

$g = \infty$ $\qquad b_{bel} \in \,]\, b_{opt} \,,\, \infty \,[$

b) Beliebige Kantenlänge a_{bel} vorgegeben

$g \neq \infty$

$$b_{bel} = 4.95 \cdot 10^{-4}\, c_N \sqrt{\frac{a_{bel}^2}{\lambda^2} - 1}$$

$a_{bel} \in [\, \lambda \,,\, a_{opt} \,]$

$g \neq \infty$

$$b_{bel} = g\left(\frac{9.9 \cdot 10^{-4} c_N}{a_{bel}} - 1 \right)$$

$a_{bel} \in \,]\, a_{opt} \,,\, 9.9 \cdot 10^{-4}\, c_N \,]$

$g \neq \infty$

b_{bel} minimal *

$a_{bel} \in \,]\, 9.9 \cdot 10^{-4}\, c_N \,,\, \infty \,[$

$g = \infty$

$$b_{bel} = 4.95 \cdot 10^{-4}\, c_N \sqrt{\frac{a_{bel}^2}{\lambda^2} - 1}$$

$a_{bel} \in [\, \lambda \,,\, 9.9 \cdot 10^{-4}\, c_N \,]$

$g = \infty$

b_{bel} minimal *

$a_{bel} \in \,]\, 9.9 \cdot 10^{-4}\, c_N \,,\, \infty \,[$

12 Literatur

[1] A. Sommerfeld
"Vorlesungen über theoretische Physik"
Bd.IV, Optik
Dieterich'sche Verlagsbuchhandlung
Wiesbaden, 1950

[2] E. Hecht
"Optik"
Addison-Wesley Publishing Company
Bonn, 1989

[3] N. Sieber, H.-J. Sebastian
"Spezielle Funktionen"
BSB B.G. Teubner Verlagsgesellschaft
Leipzig, 1977

[4] M. Born, E. Wolf
"Principles of Optics"
Cambridge University Press
Cambridge, 1999

[5] A. Adams
"Das Negativ"
Christian Verlag GmbH
München, 1982

[6] P.A. Tipler
"Physik"
Spektrum Akademischer Verlag
Heidelberg, 1994

[7] E. Putz
"Schwarzweiss", **28**, 32, 2001

13 Stichwortverzeichnis

A

B

C

D

E

F

G

H

I

K

M

N

O

P

Q

R

S

T

Z